ENCYCLOPÉDIE-RORET.

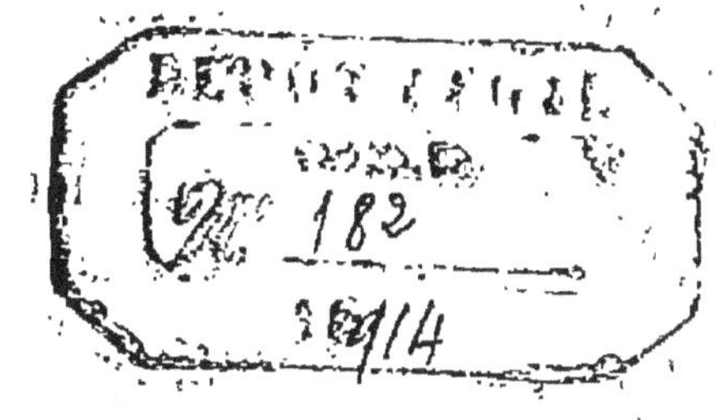

BOULANGER

TOME SECOND

MANUELS-RORET

NOUVEAU MANUEL COMPLET

DU

BOULANGER

OU

TRAITÉ PRATIQUE

DE LA

PANIFICATION FRANÇAISE ET ÉTRANGÈRE

CONTENANT

La connaissance des farines ;
les moyens de reconnaître leur Mélange et leur Altération ;
les principes de la Boulangerie ;
la construction des Pétrins et des Fours ;
la fabrication de toute espèce de Pains et de Biscuits

PAR

J. FONTENELLE et F. MALEPEYRE

NOUVELLE ÉDITION

entièrement refondue et mise au courant de l'état actuel
de cette industrie

Par **SCHIELD-TREHERNE**
Ingénieur E. C. P., Expert
Commandeur du Mérite agricole

Ouvrage orné de 220 figures dans le texte

TOME SECOND

PARIS

ENCYCLOPÉDIE-RORET

L. MULO, LIBRAIRE-ÉDITEUR

12, RUE HAUTEFEUILLE, 12

1914

AVIS

Le mérite des ouvrages de l'Encyclopédie-Roret leur a valu les honneurs de la traduction, de l'imitation et de la contrefaçon. Pour distinguer ce volume, il porte la signature de l'Éditeur, qui se réserve le droit de le faire traduire dans toutes les langues, et de poursuivre, en vertu des lois, décrets et traités internationaux, toutes contrefaçons et toutes traductions faites au mépris de ses droits.

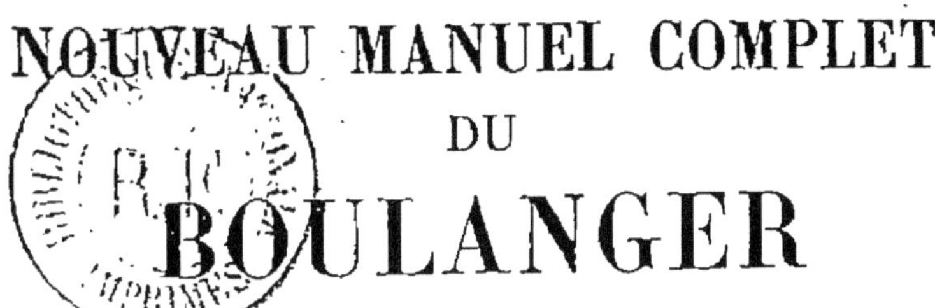

NOUVEAU MANUEL COMPLET
DU
BOULANGER

TOME SECOND

CHAPITRE VI

Cuisson du pain

Après avoir fait connaître dans les chapitres précédents quelles sont les matières qui entrent dans la composition du pain, le choix qu'on doit en faire, les falsifications qui en altèrent la qualité et les manipulations auxquelles on les soumet, soit à bras, soit par machines, pour les convertir en pâte, il reste encore à décrire la cuisson de cette pâte pour la transformer en pain alimentaire, et c'est ce à quoi nous allons procéder en nous occupant d'abord de l'appareil usuel qui sert pour cet objet :

MATÉRIAUX POUR LE CHAUFFAGE DU FOUR

Cette partie est une des bases essentielles de l'art du boulanger; elle exige une pratique que la théorie ne saurait donner. Il est cependant quelques principes que nous allons exposer, et qui ne peuvent être que fort utiles. Nous dirons d'abord qu'on peut chauffer les fours :

1° Avec tous les bois connus ;

2° Avec la paille, le feuillage, les joncs, les ronces, les élagages des arbres, etc. ;

3° Avec le charbon épuré ou le coke ; dans ce cas, le four doit être modifié ;

4° Avec la houille ou le charbon de terre et autres combustibles minéraux qu'on emploie surtout dans les appareils perfectionnés ;

5° Avec la tourbe, qu'on rencontre en abondance dans certains pays.

Dans les localités où le bois est rare et cher, comme dans certaines localités de la France, on chauffe les fours des boulangers avec des sarments de vigne, des joncs, des élagages, etc. Dans les départements de l'Aude, de l'Hérault, des Pyrénées-Orientales, les paysans chauffent ainsi les fours de campagne. Dans celui de l'Aude, et notamment dans l'arrondissement de Narbonne, le chauffage des fours dans les villes et villages, a lieu au moyen de jeunes pousses de bois, de sabine, de romarin, et d'une espèce de chêne nommé dans le pays *garouillo*, laquelle est le *quercus aculeatus* de Linné. On y brûle également divers cystes, le *phlomis herba venti*, le *cneorum tricoccum*, deux espèces de sainbois ou garou, de genêt, la lavande, et surtout le romarin, qui croît en abondance sur les montagnes de la Clape, des Corbières, etc. Il faut, comme on peut bien le croire, une très grande quantité de ces bois ; aussi les boulangers sont-ils obligés d'en recevoir journellement d'une troupe de femmes nommées *garrigaïros*, uniquement occupées à dévaster et à défricher ces montagnes et à transporter sur des ânes cette espèce de ramage.

Dans les localités où le bois est plus abondant, et par conséquent moins cher, on l'emploie pour le chauffage des fours ; cette manière de chauffer est préférable. Mais tous les bois ne sont pas également propres à cet emploi. En général, les meilleurs bois, tels que ceux de chêne, d'ormeau, d'olivier, de hêtre, de châtaignier, de buis bien sec, méritent la préférence. Le hêtre, surtout, doit être recommandé, tant parce qu'il brûle très bien, que parce que, répandant beaucoup de chaleur, il en faut moins pour le chauffage. Mais comme ces bois sont d'un prix trop élevé, les boulangers de Paris achètent de préférence du bois de frêne, de bouleau et autres bois blancs, qui sont à des prix inférieurs. Ces bois doivent être brûlés très secs, attendu que, dans le cas contraire, ils produisent beaucoup de fumée, et que l'humidité qui s'en dégage refroidit beaucoup le four. Les boulangers de Paris sont la plupart dans l'usage de faire sécher leur bois dans le four, après que le pain est cuit. Parmentier blâme cette méthode, non, comme il l'avance, parce que le bois trop sec ou mis au four perd de sa qualité, mais parce qu'il le refroidit beaucoup, et que dès lors il en faut davantage pour le chauffer. Il est un fait bien constant c'est que plus le bois est sec,

plus il brûle facilement et moins il produit de
fumée et d'humidité. Un autre fait digne de remarque, c'est qu'il faut, le moins que l'on peut,
brûler de bois flotté, attendu qu'il donne peu de
chaleur, beaucoup d'humidité, et qu'il en faut,
par conséquent, beaucoup pour chauffer : outre
cela, sa braise est très mauvaise.

On doit bannir aussi du chauffage les bois
morts ou avariés, ainsi que ceux qui ont été peints,
à cause des dangers que peuvent produire les
oxydes métalliques, qui sont la base des matières
colorantes de la peinture.

Nous dirons donc, en thèse générale, que plus
les murs des fours seront épais, plus leur construction sera parfaite, et moins il faudra de bois
pour les chauffer. Il en sera de même relativement
au plus ou moins de temps qui se sera écoulé
d'une fournée à l'autre. Parmentier, dans son intéressant ouvrage, a écrit avec soin le chauffage
des fours. En reproduisant, dans la première
édition de cet ouvrage, le travail de ce savant,
M. Dessables y a joint quelques observations qui
lui sont propres ; nous allons consigner ici l'ensemble de ces travaux.

La saison, l'espèce et la qualité du pain qu'on
doit cuire, déterminent ordinairement le moment
où l'on doit mettre le feu au four ; en été, on allume au moment où l'on commence à tourner ;
mais, en hiver, on met le feu au four beaucoup
plus tard.

Il ne suffit pas, pour chauffer un four, d'y jeter
du bois et de l'y laisser se consumer, il faut que

ce bois soit arrangé de manière à répandre la chaleur également dans toutes les parties du four.

Le premier chauffage du four se fait avec le gros bois ; sa quantité dépend de l'espace de temps qui s'est écoulé depuis la dernière fournée jusqu'à celle qui doit suivre : on sent qu'il faut plus de bois pour un four qui n'est chauffé qu'à de longs intervalles, que pour celui qui se chauffe à plusieurs reprises et successivement, aussitôt que le pain en est retiré après sa cuisson ; de là, il est facile de conclure que le boulanger qui ne fait qu'une ou deux fournées, dépense beaucoup plus de bois que celui qui en fait un plus grand nombre, puisque plus le four a été chauffé de fois, et moins il consume de combustible.

On distingue, dans le four, la chapelle, le fond, la bouche et les deux côtés, qu'on nomme les *quartiers* ; la voûte s'échauffe la première, parce que c'est là où se porte naturellement toute la flamme ; mais la bouche n'est échauffée que la dernière, une partie de sa chaleur étant continuellement tempérée par l'air extérieur.

Pour commencer le chauffage, on choisit une bûche tortueuse, et on la place au fond du four ; on la prend tortueuse, parce que, devant servir d'appui aux autres, il ne faut pas qu'elle porte dans toutes ses parties sur l'âtre, autrement la flamme ne pourrait circuler tout autour : on place sur cette première bûche deux autres bûches que l'on croise par les bouts, et, sur le milieu de ces dernières, on en met deux autres, disposées de manière que leurs extrémités aboutissent dans les deux côtés du four. Le bois ainsi arrangé se nomme *la charge*; on y met le feu avec un tison embrasé qu'on place à l'endroit qui occupe le fond du four, vis-à-vis de la bouche. Quand une partie des bûches qui servent de soutien est convertie en braise, il faut étendre cette braise avec une pelle ou avec le fourgon; parce que, en restant sur l'âtre dans la place où elle est tombée, elle l'échaufferait beaucoup trop. Il faut aussi remettre toujours de la même manière le restant des bûches les unes sur les autres; pendant qu'elles brûlent, on tire avec le grand rouable, la braise vers la bouche du four, et, au moyen du petit rouable, on la fait tomber dans l'étouffoir. Si on laissait cette braise dans les rives, elle se consumerait en pure perte, et chaufferait l'âtre parfois assez pour brûler le pain.

Pour chauffer les autres parties du four, on établit un second foyer du côté de la bouche, à la distance d'environ un tiers de sa profondeur; et on forme ce foyer en plaçant, sur un tison, six à sept bûches fendues en long, disposées en plan incliné, et dont les bouts répondent partie à la rive droite, et partie à la rive gauche du four. Il faut bien observer que si la charge était trop rapprochée de la bouche, la flamme se perdrait dans la cheminée, et pourrait parfois occasionner des incendies. A mesure que le bois brûle, on soulève les bûches et on les replace les unes sur les autres, en les rapprochant un peu de la bouche; quand tout le bois est brûlé, si l'entrée du four n'est pas bien échauffée, on y allume du petit bois; mais on négligera cette précaution, si la pâte, parvenue au point de son apprêt, demande à être mise au four.

Pour la seconde fournée on ne se sert que de bois fendu, qu'on place dans un des côtés du four, et non au milieu ; on pose un allume dans le dernier quartier, à 30 centimètres environ de la rive, sur cet allume porte l'une des extrémités du premier morceau de bois ; le second morceau, qui croise, porte, par un de ses bouts, sur le milieu du premier tandis que l'autre bout est dirigé du côté de l'entrée du four ; on met un troisième, un quatrième, et jusqu'à sept morceaux de bois, toujours en plan incliné, et toujours dirigés vers la bouche du four. Si le four était d'une très grande dimension, on pourrait employer le bois plus gros, ou un plus grand nombre de morceaux : on se sert, pour chauffer la bouche, de bois plus menu que pour la première fournée ; mais on le distribue de la même manière.

On suit les mêmes procédés pour toutes les autres fournées, en observant que les dernières consomment toujours moins de bois que les précédentes.

Il est des circonstances où l'état de la pâte demande que le four soit chauffé plus promptement ; alors, on se sert de bois plus petit, en augmentant le nombre des morceaux, afin de produire la même chaleur, on a aussi soin de mettre dans le four un allume enflammé, qui communique le feu aux morceaux de bois, à mesure qu'ils sont placés. Parfois, on ferme le four de manière que toute la chaleur se concentre dans son intérieur, et dessèche le bois, au point qu'en lui communiquant la flamme la plus légère, il s'allume, il s'embrase dans toutes ses parties dans la capacité entière du four, et le chauffe simultanément au degré nécessaire.

Chez les boulangers qui ont deux fours et qui pétrissent deux fournées à la fois il faut calculer l'opération de manière à ce qu'on chauffe à bouche le premier four, quand on met le feu au dernier, et que la pâte de chaque fournée se trouve à son vrai point au moment de l'enfournement.

C'est une très bonne méthode, pour ceux qui font du pain de deux espèces, de cuire à deux fours et de pétrir séparément, parce que la pâte est toujours mieux préparée, et le pain meilleur.

La cuisson des gros pains ne coûte pas plus de bois que celle des petits ; c'est une vérité démontrée par l'expérience : car les pains d'un gros volume, quoique enfournés les premiers, sont bien plus longs à cuire que les autres ; si la chaleur était trop vive, elle les surprendrait à leur surface, empêcherait l'évaporation intérieure, et nuirait à la parfaite cuisson.

On juge ordinairement qu'un four est chaud quand la chapelle est blanchâtre ; comme ce signe n'est pas toujours certain, nous ne le donnerons pas pour une règle positive, et nous renverrons encore au local, à la position du four, à la quantité et à l'espèce de pâte, à sa forme et à son volume, et surtout à l'expérience, pour connaître le point où un four est suffisamment chauffé, et la quantité de bois qu'exige le chauffage ; quand cette opération a acquis le degré marqué, on peut entretenir la chaleur avec des éclats de bois, ou bien en fermant exactement la bouche du four.

Les boulangers, dans leurs propres intérêts, doivent avoir la plus grande attention de ne jamais se laisser surprendre par la pâte ; car il vaut infiniment mieux que le four attende après la pâte, que la pâte après le four ; parce qu'on peut, avec quelques morceaux de bois seulement entretenir la chaleur du four, et qu'il y a de grands inconvénients à suspendre ou à arrêter l'apprêt de la pâte.

Laury, dans son *Guide du Boulanger*, présente ainsi qu'il suit le tableau de la règle de chauffage :

	1re fournée	2e fournée	3e fournée	4e fournée
Cotrets de bouleau de 0m50 de tour sur 0m62 de longueur.	Première charge du four et autour 19 cotrets. Le bois brûlé, on tire la braise. Charge de la bouche à 0m60 du bouchoir, 3 cotrets.	Casser le bois de la grosseur de 0m10 de tour. Quatre morceaux chaque tas ; sept tas tout autour du four ; trois tas de bouchure.	Idem.	Idem.

DE LA CONSOMMATION DU COMBUSTIBLE POUR CUIRE UNE QUANTITÉ DONNÉE DE PAIN

C'est avec juste raison qu'on a dit que plus on fait de fournées et moins on dépense de bois,

parce qu'il en faut moins pour la seconde que
pour la première, et ainsi de suite. Pour apprécier
au juste la dépense en bois d'une fournée, il faut
connaître la grandeur et la structure du four;
car, plus un four est spacieux, plus la chapelle est
élevée, et plus il consume de combustible. Cependant, en prenant un terme moyen, on peut éva-
luer, à Paris, de 88 à 90 centimes le chauffage de
chaque fournée, chez un boulanger qui en fait de
cinq à six par jour, et dont le four a de 3 à 4
mètres de diamètre, sur 40 à 50 centimètres d'élévation au centre de la chapelle. La dépense serait
plus considérable pour un four de la même
grandeur qu'on ne chaufferait qu'une ou deux
fois par jour.

Quant à la braise, si vous consultez les boulangers, ils vous diront qu'elle les dédommage d'un
tiers, tout au plus, de la valeur du bois; mais il
est présumable que le prix de la braise équivaut,
s'il n'excède pas, celui du bois, et que le combustible doit à peine être compté parmi les dépenses de la boulangerie.

La durée du temps pendant lequel doivent séjourner, dans le four chaud, les différentes espèces
de bois, afin de les dessécher convenablement pour
les rendre propres à la cuisson du pain, n'est pas
connue de tous les praticiens.

Le bois blanc flotté, le bois de peuplier ne
doivent pas rester au delà de 6 heures dans le
four, autrement ils ne font que de la braise et se
consument trop rapidement.

Le bois de bouleau, qui est d'une qualité supérieure à celle des précédents, ne doit pas rester pendant plus de 8 heures dans le four : le bois de sapin ne doit y rester que 5 heures.

A toutes les époques on a proposé, pour la construction des fours, divers modèles plus ou moins économiques, qui n'ont point tous été adoptés dans la pratique, soit par des défauts particuliers qu'on y a découverts, soit par la résistance insurmontable qu'on a toujours éprouvée à faire adopter de nouvelles inventions dans cette industrie.

Pour n'en citer que quelques exemples, nous dirons que Coffin avait, il y a longtemps, pris un brevet pour un four perpétuel, formé d'une longue sole, recouverte par une voûte oblongue, chauffées l'une et l'autre par une circulation d'air chaud, dans des conduits en carreaux, fonte ou tôle. La pâte était placée sur une toile sans fin qui la conduisait d'une extrémité à l'autre ; elle cuisait dans son passage à travers le four, dans lequel elle était toujours en marche.

On a cherché aussi à maintenir une température plus uniforme et plus économique dans les fours en les superposant ; mais cette disposition a rendu le service plus difficile et plus dispendieux que dans ceux auxquels on voulait le substituer.

Enfin on a modifié la forme intérieure des fours sans toujours avoir égard aux lois de la physique, et on a proposé de chauffer les fours par des foyers extérieurs brûlant par dessous, sur les côtés ; on leur a donné une forme ronde, ovale, elliptique, carrée, rectangulaire, en fer à cheval, etc. ; on les a faits en brique, en tôle, en fonte, etc. ; mais toutes ces modifications infinies plus ou moins bien raisonnées ne nous apprennent absolument rien sur leur mérite respectif, tant qu'on ne fait pas d'expériences comparatives propres à faire connaître la construction qui, pendant un travail soutenu, consomme le moins de combustible, celle qui exige le moins de bois pour son premier allumage, celle qui conserve et répartit le mieux la chaleur, enfin celle qui donne, relativement à la cuisson du pain, les meilleurs résultats.

Jusqu'à ce qu'on ait entrepris et publié ces expériences, nous croyons devoir citer quelques résultats, principalement recueillis en Allemagne, sur la quantité de combustible consommé pour cuire un poids déterminé de pain, avec différents fours connus dans le pays, mais dans la description desquels nous ne croyons pas devoir entrer.

Dans un four construit en Prusse, par Holsche, à la sollicitation de Frédéric-le-Grand, on consommait en moyenne, dans un premier chauffage, 1 kilog. de houille pour cuire 5 kil. 9 de pain ; mais une fois le four en train, on ne consommait plus que 1 kilog. de ce combustible pour cuire 17 kilog. de pain, et, en général le double en poids de bois pour le même résultat, ce qui paraît toutefois considérable.

Un four établi à Hanovre, et qui présentait une combinaison du four de Holsche et de celui de Lanoix, auquel la Société d'Agriculture de Lyon avait, après des essais multipliés, accordé une récompense, a fourni 14 kil. 25 de pain par kil. de houille, et s'est même élevé, dit-on, jusqu'à 22, ce qui nous semble impossible à réaliser, et toujours en ne donnant que moitié de ce produit avec le bois.

Les fours aérothermes de Jametel et de Lemare exigent, pour la cuisson de 3,130 kilog. de pain par 24 heures, 300 kilog. de coke ou 1 kilog. par 10 kil. 43 de pain ; on a même atteint 12 kil. 6 dans quelques occasions, ou 1 kilog. de bois pour 5 à 6 kilog. de pain.

D'après des expériences de M. Goppingen, les fours ordinaires de campagne ont fourni, suivant l'état ou la condition des bois, depuis 1 kil. 94 jusqu'à 2 kil. 43 de pain par kilog de bois.

A Paris, un boulanger qui cuit trois sacs de farine par jour, du poids de 159 kilog. chaque, en six fournées, produisant de 100 à 102 kilog. de pain chacune, consomme, ainsi que nous l'avons vu ci-dessus, 10/30 de voie de bois de bouleau ; or, comme le bois de rondinage de bouleau pèse 300 kilog. le stère ou 600 kilog. environ la voie ou double stère, il en résulte que la fabrication de 600 kilog. de pain exige, à Paris, une consommation de 200 kilog. de bois, ou que 1 kilog. de bois cuit 3 kilog. de pain.

D'un autre côté, la théorie indique que 1 kilog. de bois sec devrait pouvoir servir à cuire 20 kilog. de pâte, et ce résultat est fondé sur ce que le pain au sortir du four, ne peut avoir une température supérieure à celle de la vapeur d'eau qui existe dans le four, et sur ce que la pâte, par la cuisson, perd 15 pour 100 d'eau, la chaleur spécifique du pain cuit étant 0.40. En effet, on n'a jamais trouvé que la température à l'intérieur du pain, soit de plus de 100 degrés centigrades. Or, comme on n'utilise que 50 à 60, et au plus 70 pour 100 de la chaleur que le bois est susceptible de dégager par la combustion, on voit que 1 kilog. de bois devrait encore suffire à la cuisson de 10 à 12 kilog. de pâte, ou de 8 kil. 50 à 10 kilog. de pain cuit. On peut voir, par les résultats rapportés ci-dessus, que si quelques fours perfectionnés approchent de ces chiffres, combien ceux ordinaires sont encore loin de les atteindre.

Du reste, nous reviendrons, à la fin de ce chapitre, sur la quantité de chaleur qu'il faut développer pour cuire un certain poids de pain, et sur les résultats pratiques qui ont été obtenus avec différents modèles de fours.

DE LA DÉTERMINATION DE LA TEMPÉRATURE DU FOUR

Avant de procéder à l'opération de l'enfournement, nous dirons un mot sur la manière de déterminer la température du four, en empruntant à M. Franck, un des plus habiles boulangers de Vienne en Autriche, les conseils que nous allons présenter à cet égard.

« Avant tout, dit ce praticien, il faut bien faire attention à la quantité de pain qu'on veut cuire en une fournée, examiner la grosseur de ces pains, l'espèce de farine dont ils sont pétris, si c'est de la farine de froment, de la farine de seigle, ou des mélanges de farine. Le pain de froment a besoin d'une chaleur plus élevée que celui de seigle, et ce dernier une chaleur plus prolongée. Les pains d'orge et d'avoine exigent aussi une chaleur plus forte que ceux de seigle. La cuisson du pain se règle aussi sur l'apprêt de la pâte, sur les levains jeunes ou vieux qu'on y a appliqués; mais en général, que l'apprêt soit fort ou faible, la pâte douce ou ferme, la cuisson, à température égale, marche toujours plus rapidement avec la farine de froment qu'avec celle de seigle; ou mieux, il faut que le four soit moins chaud avec la première qu'avec la seconde.

« Avec une pâte peu apprêtée, il faut que la chaleur soit moins forte et véhémente, mais plus soutenue et agissant plus longtemps et avec modération, sur le pain; si on lui appliquait une température aussi élevée qu'avec une pâte très apprêtée, le pain non seulement prendrait une couleur rembrunie avant d'être suffisamment cuit, mais de plus, quand on le retirerait du four, il deviendrait mollasse, même quand la cuisson aurait été portée au point exigé, et il n'aurait plus la saveur agréable d'un pain cuit à point.

« La nature du combustible, la quantité de pâte à cuire, la capacité du four, une première ou une deuxième fournée sont autant de points importants qu'il est utile de prendre en considération, mais qu'on ne peut qu'indiquer dans un livre, attendu que c'est à la pratique seule qu'il convient d'emprunter l'expérience, le coup d'œil et le tact nécessaires à ces opérations ».

En général, il paraît que la température de bonne cuisson des pains blancs à Paris s'élève de

250 à 300 degrés centigrades, mais il est présumable que dans les campagnes cette température ne s'élève pas toujours à ce degré, et est peut-être souvent à 225 degrés, et même, dans certaines circonstances, encore moindre.

DE L'ENFOURNEMENT

Lorsque le four est chauffé au degré convenable, qu'après en avoir retiré la braise, on l'a bien nettoyé avec l'écouvillon, et que la pâte est à son point d'apprêt, on procède à l'enfournement en entretenant un allume dans le four, pour opérer le placement en rangées régulières des pains, et en faire entrer ainsi la quantité voulue dans le four. Règle générale : l'on doit enfourner les premiers les pains dont la farine a le plus d'apprêt, afin d'arrêter ainsi les effets de la fermentation ; après ceux-ci viennent ceux dont la pâte est dite *bâtarde*, ou verte d'apprêt. L'enfournement continue ensuite rapidement, et suivant la grosseur des pains. Ainsi, les gros pains, soit longs ou ronds, qui ont besoin, par conséquent, de plus de chaleur pour arriver au même point de cuisson que les petits, doivent être placés au fond du four et près des parois latérales ; les autres pains se rapprochent d'autant plus de l'âtre qu'ils sont plus petits, et que la pâte a moins d'apprêt et est plus molle : celle-ci se place au milieu du four et à la bouche. Dans le midi de la France, on saupoudre les planches et la pelle avec du petit son ; tous ceux qui pétrissent sont dans l'usage de faire chaque fois plusieurs gâteaux, soit de pâte ordinaire, soit avec addition d'huile, de beurre, de graisse, d'œufs, etc. Ces gâteaux sont placés vers le milieu du four et près de l'âtre ; on les en retire avant la cuisson du pain, parce que, présentant beaucoup de surface, ils sont plus tôt prêts.

Pour enfourner les pains, on saupoudre la pelle avec de la farine ou du petit son ; l'on renverse ensuite la pâte des pannetons sur la pelle ; ou si le pain est sur couche, on détache les plis de la toile, l'on renverse ensuite le pain avec la main sur le rondeau pour le porter sur la pelle. On dispose les pains par rangées, et si la pâte est molle et le four *doux*, il faut laisser un très petit intervalle entre chaque pain, parce que, sans cela, ils s'attacheraient fortement les uns aux autres. Hors de ce cas, il est préférable qu'il se touchent un peu, afin de mieux conserver leurs formes. A Paris, et dans quelques parties du midi de la France, on fait constamment toucher les gros pains ronds de 2 à 3 kilogrammes ; aussi sont-ils presque toujours adhérents.

L'on continue l'enfournement par équerre, et l'on arrive insensiblement à l'endroit où se trouve placé le porte-allume, que l'on recule et retire lorsque le four est rempli de pain. On doit avoir la précaution de ne plus toucher les pains, jusqu'à ce qu'ils aient pris de la couleur et de la solidité, afin de ne pas les déformer ; quand ils sont en ce dernier état, on peut les déplacer sans inconvénient, et les porter à la place que l'on veut. L'on doit ouvrir le four de temps en temps pour regarder comment va la cuisson ; si elle s'opère trop vite et que le four soit trop chaud, on doit le laisser pendant quelque temps ouvert.

Nous reproduisons ici les conseils que donne M. Ph. Mutel (1), et qui sont en partie ceux de Parmentier, sur l'enfournement des diverses qualités de pâte.

La pâte ferme est la plus facile à enfourner, parce qu'elle s'échappe et s'élargit moins sur la pelle, et qu'on a moins de peine à l'arranger dans le four, étant toujours divisée en grosses masses ; elle est longue à cuire ; c'est pourquoi on l'enfourne la première et la met dans le fond du four.

On enfourne la pâte bâtarde après la pâte ferme, et on la place à côté. Quand elle est formée en pain long fendu, on la pose sens dessus dessous dans le four, afin que la partie qui faisait le dessus de l'apprêt fasse le dessous au four.

La pâte douce doit être enfournée avec précaution, car elle se déformerait facilement ; on l'enfourne la dernière et on la place au milieu du four du côté de la bouche.

TEMPS QUE LE PAIN DOIT RESTER AU FOUR

Il est démontré que le temps que le pain doit rester dans le four est relatif à la grosseur des pains, à la nature de la pâte et à la température du four. Il est bon de faire observer que lorsque le four est plein, les premiers pains placés au fond

_____

(1) Le *Parfait Boulanger.*

et aux rives sont à moitié cuits lorsqu'on finit d'enfourner les derniers, de sorte qu'étant cuits avant les autres, ils doivent par conséquent être retirés les premiers.

Aussitôt que le pain commence à cuire, il prend du retrait sur ses bords et de l'élévation à sa surface, ce que nous attribuons tant au dégagement du gaz qu'à la dilatation d'une partie de l'air qui se trouve interposé dans la pâte, et qui, suivant nous, en se dilatant plus ou moins, produit ces grandes cavités qu'on distingue dans les pains dont la pâte a été bien battue : dans ce cas aussi, les pains qui se baisaient se retirent, et chacun se trouve séparé de l'autre par le retrait qu'il a pris, à moins que la pâte se trouvant trop molle, les pains aient déjà contracté une certaine adhérence. Le pain prend alors de la couleur, ce qui annonce que son degré de cuisson est avancé.

Quoique le point exact de cette cuite ne puisse être déterminé dans tous les cas, les divers auteurs s'accordent cependant à dire qu'il faut environ 1 heure et demie pour les gros pains de 6 kilogrammes les plus fermes, et 3 quarts d'heure pour les plus légers; 1 heure pour les pains de 2 kilogrammes, et une demi-heure pour les pains de 1/2 kilogramme et au-dessous. Nous faisons observer que quoi qu'il y ait du bénéfice à faire des gros pains, on ne doit guère cependant dépasser le poids de 6 kilogrammes, à cause de la difficulté qu'ils éprouvent pour bien cuire. S'il arrive que le four ne soit pas assez chaud vers l'âtre, et que, par conséquent, les pains y cuisent mal, on doit les porter au fond, dès qu'on en a retiré ceux qu'on y avait placés.

On nomme *journée* chaque cuite de pains. Le nombre de ceux-ci varie suivant la grandeur du four et la nature de la pâte. Règle générale : lorsque le four a 2 mètres à 2^m,50 de diamètre, on peut y faire cuire environ 25 pains de pâte ferme, de 2 kilogrammes chacun ; si la pâte est molle, ce nombre ne dépasse pas 50.

Connaissance de la cuisson du pain. — Nous venons de faire connaître le temps que le pain devait rester au four suivant sa grosseur, la nature de la pâte, etc. Cette partie du travail des *fourniers* exige de leur part une habitude qui leur tient lieu de théorie ; il est rare même qu'ils se trompent sur ce point. Dans les campagnes, les bergers et les métayers, ainsi que ceux qui, dans les petits villages, ont chacun leur four, se trompent aussi rarement. Il est vrai que leur pain est presque toujours de qualité inférieure. Cependant, pour ceux qui veulent acquérir des connaissances positives, nous allons indiquer les signes de la cuisson du pain donnés par Parmentier :

1° En ouvrant le four, on en voit sortir une vapeur humide, qui se dissipe progressivement ;

2° La surface du pain doit avoir contracté une couleur jaune grisâtre, et au-dessus brunâtre, dont l'intensité augmente jusqu'au fond du four ;

3° En frappant le dessous du pain avec le bout du doigt, il doit bien résonner ;

4° En pressant la mie du côté du pain qu'on nomme la *baisure*, elle est devenue élastique et résiste à la compression en reprenant rapidement son premier état.

Ces signes caractéristiques exigent le défournement du pain.

DÉFOURNEMENT DU PAIN

Quoique le défournement ne présente en lui-même aucune difficulté, il exige cependant beaucoup d'attention, soit que la fournée se compose de pains de différentes espèces et de différents volumes, soit qu'elle n'en contienne que de la même nature, de la même forme et du même volume. Dans le premier cas, on doit prendre garde que quelques-uns de ces pains ne soient brûlés, tandis que les autres ne sont pas assez cuits ; cette attention doit être d'autant plus grande, qu'il est possible que les pains enfournés les derniers soient cuits avant ceux qui ont été mis au four les premiers. Il faut, autant qu'il est possible, défourner les premiers les pains qui ont été mis au four les derniers, parce que, presque toujours, ces pains sont de pâte molle ou légère, d'un petit volume, et par conséquent plus faciles à cuire que les autres.

Quand les pains sont tous de même nature et de même grosseur, on peut suivre, dans le défournement, la méthode suivante. Aussitôt qu'on regarde la cuisson comme terminée, on déplace, à la bouche du four, quelques pains qu'on met dans le fond et à la rive droite ; par ce moyen on peut arriver plus facilement au lieu par où a commencé l'enfournement, et qui est l'endroit le plus chaud du four ; on en retire une quantité de pains suffisante pour y placer ceux qui étaient à la bouche, et qui, communément, sont les moins cuits ; on y place aussi le porte-allume, mais à une distance suffisante pour que la flamme, en éclairant, ne puisse ni brûler, ni cuire les pains outre mesure ; on continue ensuite le défournement, en choisissant toujours le côté où les pains sont les plus cuits.

La nature de la pâte influe encore sur le défournement ; car si en défournant le pain, on l'exposait encore tout chaud au contact de l'air froid, on le verrait en général se gercer et se couvrir à sa surface de petites fentes ; mais cet effet serait beaucoup plus marquant si la pâte était verte d'apprêt, ou si elle avait été pétrie avec de l'eau froide et des levains jeunes. Pour prévenir cet inconvénient, il suffit de mettre les pains dans une manne, à mesure qu'on les retire du four ; de les ranger les uns auprès des autres, les appuyant sur l'un de leurs deux bouts, et de les laisser refroidir en cet état, après avoir jeté dessus une couverture.

Si on avait été forcé de retirer le pain plus tôt qu'à l'ordinaire, parce que le four aurait été trop vif, il faudrait l'exposer à l'air sur-le-champ, afin de lui faire perdre un peu de sa couleur trop foncée ; mais si cette couleur venait de ce que le pain est resté trop longtemps dans le four, ou bien de ce qu'il est trop cuit, on l'envelopperait, jusqu'à son refroidisssement, dans des toiles légèrement mouillées.

Le pain, en refroidissant, perd de l'odeur agréable qu'il répand en sortant du four, un peu de sa couleur, et même de son poids ; plus il est léger, plus sa surface est étendue, et plus cette déperdition est sensible.

Tous les pains auxquels on veut donner de la croûte doivent rester au four plus longtemps que les autres.

Les boulangers doivent donner d'autant plus d'attention au défournement, que, quand la cuisson est manquée il est impossible d'y remédier, et que, au lieu de rendre sa qualité à un pain tiré trop tôt, et remis ensuite au four, on est assuré qu'il perdra sa couleur, que sa croûte se ridera, que sa mie se desséchera, et qu'elle n'aura plus la même légèreté.

Quand le four a été bien chauffé, et que l'enfournement a été fait suivant la méthode prescrite, le pain se trouvant cuit partout, on le retire tel qu'il se trouve dans le four, en très peu de temps. Il ne faut pas plus d'un quart d'heure pour défourner soixante pains de 2 kilogrammes.

SIGNES CARACTÉRISTIQUES D'UN PAIN
BIEN FABRIQUÉ

Le pain bien fabriqué doit être léger, bien levé et très boursouflé. Sa couleur doit être d'un jaune particulier, nuancé de brun; il doit être bien sonore quand on le frappe ; sa surface doit être lisse, son intérieur rempli de cavités et de grandes crevasses ; sa mie blanche, très spongieuse et très élastique. Le pain de mauvaise qualité et mal cuit, est pesant, peu gonflé, d'une couleur blanc grisâtre, peu sonore, n'ayant que de petits yeux et point de crevasses; la mie est peu élastique et pâteuse. Ce pain se digère bien moins facilement que le premier et se détériore en moins de huit jours. On voit en effet une moisissure verte et jaunâtre qui ne tarde pas à s'établir à l'intérieur, tandis qu'il suffit d'exposer à l'air le pain de bonne qualité et bien fabriqué pour le sécher complètement. Le pain bien desséché peut se conserver très longtemps; nous en avons vu à la belle collection de Passalaqua, fabriqué par les anciens Egyptiens, qui avait plus de trois mille ans.

MODE DE CUISSON DU PAIN ANGLAIS

Les Anglais donnent la préférence à une sorte de pain qui diffère du nôtre, mais où nous avons vu qu'ils introduisaient souvent 4, 5 et même plus de pommes de terre.

Quant au mode de cuisson, comme on veut des pains de forme à peu près cubique, on donne d'abord à la pâte la forme d'une sorte de pavé cylindrique, en empilant l'une sur l'autre deux boules de pâte, et on enfourne les pains en contact les uns avec les autres, de telle sorte que le four soit complètement rempli. Quand le four est plein, on le ferme, mais la cuisson dure près de deux fois plus longtemps que chez nous, car tous les pains se touchent et se compriment en se gonflant ; le rayonnement ne peut s'effectuer par la voûte et la sole du four que sur les faces supérieures et inférieures, et nullement vers les faces latérales. Ausssi la croûte dessus et dessous des pains anglais a-t-elle une épaisseur double ou même triple de celle des nôtres, et le reste de la masse ne se compose-t-il que de mie. Pour défourner, on fait pénétrer la pelle étroite sous une des rangées de pains du milieu, on la soulève et produit ainsi une solution de continuité qui permet le défournement des autres pains.

Les pains anglais ne diffèrent pas seulement des nôtres par la forme, mais aussi par la contexture de la mie, qui présente, au lieu de cavités larges, des alvéoles assez régulières. En outre, ce pain renferme toujours une certaine quantité de pommes de terre qui lui est associée en bouillie, mélangée d'avance avec le moût d'orge et de houblon et la levure délayée ; on se sert de ce liquide en fermentation pour le pétrissage de la pâte ; la pomme de terre entre dans la proportion d'environ 4 ou 5 pour 100 du poids de la farine. Cette addition semble avoir pour but d'activer la fermentation afin de développer la production de la levure. Dans tous les cas, la longue durée de la cuisson peut être une cause d'altération, car la mie des pains anglais est toujours sensiblement acidule ; d'ailleurs la boulangerie anglaise n'emploie guère que des farines d'importation qui ont éprouvé fréquemment des altérations dont le gluten surtout a subi les influences défavorables ; il est devenu moins extensible, plus mou, ne se gonfle plus ; c'est pour le raffermir qu'on recourt à l'alun, qui semble agir par ses propriétés astringentes et rend ces farines propres à la fabrication du pain, mais donne un produit moins agréable au goût et sans doute moins salubre en substituant à la saveur agréable du sel marin la saveur styptique ou astringente de l'alun.

SUR LE RENDEMENT EN PAIN DES FARINES

On trouve dans le *Dictionnaire de l'Industrie*, t. 8, p. 295, une appréciation des causes qui peuvent modifier le rendement des farines, qu'on doit à E. Gaultier de Claubry, et dont nous allons reproduire en partie l'énoncé.

« A. *Nature des farines.* — Il est de toute évidence que cette cause doit exercer une grande action sur le rendement ; en effet les blés diffèrent beaucoup entre eux, la nature du terrain où ils ont crû, leur degré de dessiccation, leur état ou mode de conservation, l'altération qu'ils ont pu subir de la part des insectes, le genre de mouture adopté, l'action de l'humidité sur les farines, sont autant de causes qui peuvent modifier le rendement. Il est bien prouvé, par exemple, que les farines les plus blanches, obtenues par les procédés de mouture les plus perfectionnés, sont celles qui rendent le moins à qualité égale.

« B. *Mélange des farines.* — A Paris, que nous prendrons toujours pour exemple dans ce qui suit, le pain est préparé avec des farines de même qualité, de diverses localités, dont le mélange est opéré par le *pelletage*. Dans cette opération, l'évaporation, c'est-à-dire la quantité de farine entraînée, varie suivant les soins, le temps et les dispositions de la chambre à farine.

« C. *État hygrométrique des farines.* — Les farines sont très hygrométriques, et suivant les localités où elles se trouvent placées et l'état de l'atmosphère, elles peuvent renfermer des proportions d'eau très variables, dont l'inflence sur le rendement est facile à apprécier.

« D. *Évaporation pendant la manutention.* — Lorsque la farine descend de la chambre dans les pétrins par le moyen de la poche, lors du travail de la pâte et surtout lorsque l'ouvrier jette avec force dans le pétrin la masse sur laquelle il opère, il se produit une évaporation considérable dont l'influence est également facile à comprendre.

« E. *Uniformité et état de la pâte.* — Si le mélange de la farine, de l'eau et des levains était parfait, la farine produirait, toutes circonstances égales d'ailleurs, le maximum de pain qu'il serait possible d'obtenir ; mais quelque soin qu'on apporte à cette partie du travail, la pâte n'est pas parfaitement homogène dans toutes ses parties, et là où la farine n'est pas complètement saturée d'eau, où il existe des marrons, il peut y avoir des différences très marquées dans le rendement, surtout si on considère que des pâtons peuvent être plus travaillés que d'autres, et qu'outre le mélange plus exact, la réaction des principes y est plus facile.

« F. *Travail et apprêt de la pâte.* — L'acide carbonique, l'alcool et les autres produits qui proviennent de la réaction des principes de la pâte les uns sur les autres, affectent nécessairement le poids de la masse ; et comme une pâte ayant plus d'apprêt, perd davantage au four que celle qui en aurait moins, le rendement est très notablement altéré par cette cause, que peuvent faire varier une foule de circonstances.

« G. *Proportion d'eau renfermée dans la pâte.* — Suivant le degré de *douceur* ou de *raideur* des pâtes, elles peuvent perdre plus ou moins au four, et il est impossible d'admettre que l'ouvrier, malgré l'habitude qu'on peut lui supposer, amène toujours sa pâte exactement au même état.

« H. *Température du four.* — Suivant la température plus ou moins élevée du four, la pâte est exposée à perdre des quantités très différentes d'eau. Saisie subitement par une température élevée, elle forme immédiatement une croûte qui empêche une trop vive évaporation, tandis qu'abandonnée plus longtemps à l'action d'une température moins élevée, elle se dessèche davantage et fournit une croûte plus épaisse. D'ailleurs l'action de la chaleur détermine entre les éléments de la farine des réactions qui modifient beaucoup la proportion des composés volatils qui se dégagent.

« I. *Partie du four dans laquelle est placé le pain.* — Il est de toute évidence que dans le système de fours employés généralement, l'enfournement ayant lieu successivement, les pains, en les supposant de même poids et de même forme, ne se trouvent pas exposés à des températures uniformes, en admettant même, ce qui est à peu près impossible, que le four ait pu se trouver uniformément chauffé. Aussi distingue-t-on par les noms de *premier et deuxième quartiers*, *cœur et bouche*, les points occupés par les pains, et remarque-t-on que leur degré de cuisson s'y trouve souvent différent : par exemple, les pains à *bouche*, enfournés les derniers, ont fréquemment besoin de rester plus longtemps au four, et pour cela le brigadier les déplace d'abord pour faire de la place, et les porte ensuite dans un des quartiers, ordinairement le premier.

« Nous ajouterons, toutefois, que les expériences de Tillet, faites en 1781 par ordre du gouvernement, et dont on verra plus loin le résumé, prouvent que les anomalies sur le poids du pain se présentent à peu près au même degré dans les diverses parties du four.

« J. *Forme des pains.* — La surface des pains exposée à l'action de la chaleur et par laquelle s'opère l'évaporation, dépend de leur forme et s'accroît dans une très grande proportion en partant du pain rond et passant aux pains courts à grigne et aux pains longs, supposés de même poids ; quant aux pains de luxe, la variété de leurs formes et de leur volume augmente à tel point les causes de déperdition, qu'ils n'ont point été compris dans la fixation du rendement.

« K. *Degré de cuisson du pain.* — Dans les grandes manutentions, comme dans celles des hôpitaux, des prisons, de la guerre, le pain est cuit d'une manière uniforme et généralement peu ;

mais dans les boulangeries particulières, le public exige souvent des pains plus cuits, et des différences énormes existent entre les divers degrés de cuisson. La perte varie, sous ce point de vue, dans des limites très étendues, et qui n'ont aucun rapport avec le premier travail, auquel on ne saurait comparer celui-ci.

« L. *Quantité de pains mis au four et nature du pain.* — Ici encore, de grandes différences existent entre les fournées des grandes manutentions et celles des boulangeries particulières : dans le premier cas, les fournées sont sensiblement égales, formées de pains de même forme, qu'il est facile de placer ; dans le second, les pains courts à grigne, les pains longs, les jockos de 2 kilogrammes, les petits pains de fantaisie, sont placés à la fois dans le four. Les distances sont plus difficiles à observer, et certains pains sont plus éloignés et perdent davantage par l'exposition d'une plus grande partie de leur surface à l'action de la chaleur ; d'autres se touchant produisent de la *baisure* et perdent une moindre proportion d'eau. Dans beaucoup de cas, ces pains, offrant des dimensions différentes, et se trouvant exposés à l'action d'une température égale, éprouvent des pertes qui diffèrent d'autant plus que la fournée est moins forte et par conséquent le four moins rempli.

« M. *Mélange avec la farine de substances étrangères employées comme moyen de falsification.* — Toutes les fois que le prix du blé s'élève au delà d'une certaine proportion, les farines se trouvent mélangées avec de la fécule de pommes de terre, des farines de haricots, de pois, qui diminuent le rendement, en même temps qu'elles modifient les qualités du pain. Ces mélanges exercent une grande influence sur le travail du boulanger, que nous avons cherché à mettre en garde contre ces sophistications si contraires à ses intérêts et à ceux de ses clients. »

L'administration municipale de Paris admet en principe et comme moyenne, que le sac de farine du poids de 159 kilogrammes doit fournir 102 pains de 2 kilogrammes chaque. Mais ce rendement doit varier avec les années, par une foule de circonstances fortuites, naturelles ou artificielles, qu'il est souvent difficile de démêler et dont il est inutile de nous occuper ici ; ainsi il est des années où le sac de farine n'a rendu que 102 pains ; d'autres où il en a rendu 107 à 108, et c'est pour cela qu'en général l'administration a fixé à 102 pains le rendement moyen de ce sac. Toutefois, ce rendement paraît un peu élevé, et on trouve, dans le numéro de janvier 1839 des *Annales d'Hygiène publique*, un rapport où sont consignées les observations faites à cet égard par une commission nommée par l'administration pour éclaircir cette question, et où on remarque le fait suivant, qui nous paraît mériter d'être consigné ici :

En 1830, il s'éleva à Paris une discussion fort vive entre les boulangers de la capitale et les mécaniciens qui construisaient des pétrins : cette discussion ne pouvant être vidée que par voie expérimentale, on résolut d'avoir recours à des essais pour établir la supériorité de l'un des modes de pétrissage sur l'autre. Les pétrisseurs voulaient prouver que le mode qu'ils suivaient depuis un temps immémorial était supérieur à l'action des machines, et, de leur côté, les mécaniciens offraient de démontrer que leurs procédés l'emportaient de beaucoup, et l'un d'eux même prétendait faire absorber à la farine au delà de 1/5 d'eau en sus de ce qu'elle prend ordinairement sous la main du pétrisseur. L'occasion était favorable pour s'assurer, dans ce cas, du rendement maximum du sac de farine, et des efforts véritablement extraordinaires furent faits de part et d'autre pour assurer le triomphe de son système, et cependant, on est arrivé à ce résultat : pour huit expériences faites chacune sur un sac de farine pesant net 156 kil. 500, le rendement des farines de 1830 avait été moindre de *cent un pains courts à grigne* de 2 kilogrammes plus 258 grammes.

Dans une autre série d'expériences faites en 1832 par le Conseil de Salubrité, sur les farines de 1830, le rendement aux *pétrins mécaniques*, et avec les soins ordinaires, a été bien moindre encore, et ne s'est pas élevé à plus de 98 pains, résultat dû en grande partie au mélange de la fécule de pomme de terre à la farine, qui a altéré la qualité des pâtes, et qui, mêlé seulement dans la proportion de 1/20, donne une pâte courte qui lève moins bien, et, au lieu d'un gonflement uniforme, présente toujours, dans le milieu de la surface supérieure du pain, une dépression d'autant plus forte, que la proportion de fécule est plus grande.

Au reste, on peut consulter avec fruit, sur le

sujet qui nous occupe, les expériences que nous
avons rapportées à la page 71 du tome premier,
et où l'on a démontré que 100 de farine ren-
draient en moyenne 130 kilogrammes de pain, et
qu'en admettant que la farine contint 17 centièmes de son poids d'eau, le produit équivaudrait
à 150 de pain pour 100 de farine réelle, ou parfaitement exempte d'eau.

M. Thibault, de Niort, qui s'est occupé de cette
question, a constaté que les farines des blés les
plus lourds et, par conséquent, les plus riches en
gluten, donnaient la plus forte proportion de
pain. 100 kilogrammes de farine première extraite
de blé pesant les poids suivants, ont donné en pain
les poids que voici :

Poids de l'hectolitre de froment	Pain donné par 100 kil. de farine
70 kg ont donné	132 kg
71 —	133
72 —	134
73 —	135
74 —	136
75 —	137
76 —	138
77 —	139
78 —	140
79 —	141
80 —	142

En ce qui concerne la grosseur qu'on donne
aux pains, Fehling a démontré directement par
des expériences ce qui suit :

1° 3^{kg},375 de pâte ont fourni.   3^{kg},046 de pain
2° 1, 687   —   —   .   1, 504   —
3° 0, 838   —   —   .   0, 719   —
4° 0, 563   —   —   .   0, 480   —

La pâte a donc perdu par la cuisson :

Dans le pain n° 1, environ . . . . . 10 $^o/_o$
    —   n° 2,   —   . . . , . 10,9
    —   n° 3,   —   14,2
    —   n° 4,   —   14,75

Résultat important pour le consommateur puisqu'il lui apprend qu'avec les pains de plus petites dimensions, lorsque le pain se vend au poids il obtient pour le même pain une plus forte proportion de matière alimentaire.

Cette considération nous détermine à rappeler ici, en terminant, quelques expériences faites par MM. Rayen et Persoz sur la proportion d'eau qui recèlent en général les farines. Selon ces chimistes la belle farine de gruau, telle qu'on la trouve aujourd'hui dans le commerce, contient, sur 100 parties, 16 d'eau et 84 de substance sèche ; et cette même farine exposée à l'air saturé d'humidité sous la température de 10° centigrades, a renfermé jusqu'à 20 centièmes d'eau, et cependant ces farines n'ont donné sur un papier à filtrer aucune tache d'humidité.

Dans les saisons de l'année où l'air est plus sec toutes ces proportions doivent varier spontanément pendant les chaleurs ; elles sont encore modifiée chez les négociants qui veulent éviter une dépréciation causée, d'une part, par les altérations qu produit l'humidité, et, de l'autre, par une forte diminution du poids.

Quoi qu'il en soit, ces causes de changements dans les proportions de matières sèches contenues sous des poids égaux dans les farines, suffisent souvent pour expliquer les anomalies observées dans le rendement. Ainsi, par exemple, une farine qui rendrait 150 $\%$ de pain, et ne contiendrait que 5 $\%$ d'eau, ne produirait plus que 133,68 de pain, si la proportion d'eau hygrométrique s'élevait à 16 $\%$. On doit en conclure que le prix des farines devrait, en toute saison, et sauf leurs qualités spéciales, être basé sur la quantité de substance sèche qu'elles renferment et qu'il serait peut-être facile d'obtenir approximativement ce taux d'évaluation en exposant pendant 2 ou 3 heures ces produits étendus en couche mince à l'air libre chauffé à une température de 80°à100° centigrades.

Dans un savant mémoire, où deux célèbres agronomes anglais, MM. J.-B. Lawes et J.-H. Gilbert, ont résumé un grand nombre d'expériences qu'ils avaient entreprises : *Sur quelques points relatifs à la composition du grain de froment, ses produits au moulin et le pain qu'il fournit,* mémoire qui a été inséré dans le *Quarterly of the chemical Society,* vol. X, p. 1 et 269, on trouve des renseignements remplis d'intérêt sur ce sujet et dont nous allons nous efforcer de présenter le résumé.

« On admet assez généralement, disent MM. Lawes et Gilbert, que la perte de substance sèche par la fermentation panaire est inférieure à

1, peut-être même à 1/2 $^0/_0$ de celle de la farine employée, et il est évident que le nombre de pains de 2 kilogrammes obtenu d'un sac de farine étant donné, et la proportion en centièmes d'eau dans la farine étant connue, on peut aisément estimer entre des limites fort précises, la quantité en centièmes de substance sèche dans le pain produit. La quantité centésimale de matière sèche dans le pain ainsi déterminée, par le calcul de la quantité réelle ou présumée de farine, sera trop élevée de la quantité inconnue perdue par la fermentation et trop basse par la quantité de sel ou autres matières ajoutées. Sous ce dernier point de vue, on peut dire que 2 kg. 25 de sel ajouté par sac de farine (de 159 kilogrammes) équivalent à 1 $^0/_0$ de pain. Même en supposant la perte par la fermentation aussi élevée que ci-dessus et prenant les données qu'on possède relativement à la proportion ordinaire de matière minérale ajoutée par le boulanger, on est disposé à conclure que la matière sèche dans le pain, calculée, comme on l'a supposé ci-dessus, d'après la proportion de substance sèche dans la farine, et la quantité de farine qu'elle fournit serait trop basse en l'évaluant de de 1/2 à 1 $^0/_0$ dépendant de la quantité de matière minérale étrangère ajoutée.

« De plus, si la totalité de la perte par les changements pendant la fermentation est moindre que 1/2 $^0/_0$, et si ceux-ci, ainsi qu'on le sait, affectent sensiblement les ingrédients non azotés, on peut, de la même manière que pour la matière sèche et l'eau, estimer assez exactement la proportion des composés azotés et non azotés, d'après celle des uns ou des autres dans la farine employée.

« Toutefois, il arrive fréquemment que les évaluations données par une seule et même autorité pour la composition de la farine de froment et du pain respectivement, ne paraissent pas présenter un rapport convenable entre elles. Nous avons pensé, en conséquence, qu'il serait utile de présenter sous la forme de tableau la quantité de pain que fournissent 100 kilogrammes de farine, la proportion centésimale de matière sèche, d'eau, d'azote, de composés azotés dans cette farine, en admettant qu'on obtient d'un sac de farine un nombre donné de pains de 2 kilogrammes et considérant aussi comme données les proportions probables d'eau et d'azote dans la farine.

« Il nous reste à dire qu'avec le pain fermenté de boulanger de bonne qualité, on atteint rarement en réalité en Angleterre le taux de 107 à 108 pains de 2 kilogrammes par sac de farine de 159 kilogrammes. Il paraîtrait, toutefois, d'après des documents publiés, qu'avec le pain non fermenté, on obtient plus de 113 à 114 pains ; mais chose digne de remarque, c'est que si le fait est certain, et si la perte par la fermentation est réellement aussi faible qu'on la suppose ici, le gain en poids par la méthode de fermentation est uniquement un gain d'eau renfermé dans le pain. A moins donc que le pain non fermenté ne soit mieux adapté à la digestion et à l'assimilation, ou vendu à un prix correspondant, le consommateur est dupe quand il achète du pain non fermenté. »

Manuel du boulanger. — II. 3

Tableau de la composition du pain de froment calculée farine et d'après la

Nombre de pains de 2 kilog. au sac de farine de 159 kilog.	Poids de pain pour 100 kilog. de farine	Proportion centésimale de matière sèche et d'eau dans le pain					
		à 16 pour 100 d'eau dans la farine		à 15 pour 100 d'eau dans la farine		à 14 pour 100 d'eau dans la farine	
		Matière sèche	Eau	Matière sèche	Eau	Matière sèche	Eau
103	128,6	65,3	34,7	66,1	33,9	66,9	33,1
104	130,0	64,6	35,4	65,4	34,6	66,1	33,9
105	131,4	63,9	36,1	64,7	35,3	65,4	34,6
106	132,8	63,2	36,8	64,0	36,0	64,7	35,3
107	135,7	62,5	37,5	63,3	36,7	64,0	36,0
108	137,1	61,9	38,1	62,6	37,4	63,4	36,6
109	138,6	61,3	38,7	62,0	38,0	62,7	37,3
110	140,0	60,6	39,4	61,3	38,7	62,0	38,0
111	141,4	60,0	40,0	60,7	39,3	61,4	38,6
112	142,8	59,4	40,6	60,1	39,9	60,8	39,2
113	144,3	58,8	41,2	59,5	40,7	60,2	39,8
114	145,7	58,2	41,8	58,9	41,1	59,6	40,4
115	147,1	57,6	42,4	58,3	41,7	59,0	41,0
116	148,6	57,1	42,9	57,8	42,2	58,5	41.5
118	150,0	56,5	43,5	57,2	42,8	57,9	42,1
		56,0	44,0	56,7	43,3	57,3	42,7

d'après la quantité de pain obtenu d'un poids donné de composition de la farine.

Proportion d'azote ou de composés azotés (gluten, albumine, etc.) dans le pain (composés azotés = 6,3 azote)							
à 1,65 azote (=10,4 composés azotés) pour 100 dans la farine		à 1,7 azote (=10.7 composés azotés) pour 100 dans la farine		à 1,75 azote (=11.0 composés azotés) pour 100 dans la farine		à 1,8 azote (=11,3 composés azotés) pour 100 dans la farine	
Azote	Composés azotés	Azote	Composés azotés	Azote	Composés azotés	Azote	Composés azotés
1,28	8,06	1,32	8,32	1,36	8,57	1,40	8,82
1,26	7,94	1,31	8,25	1,35	8,50	1,38	8,69
1,25	7,87	1,29	8,13	1,33	8,38	1,37	8,63
1,24	7,81	1,28	8,06	1,32	8,32	1,35	8,50
1,23	7,75	1,26	7,94	1,30	8,19	1,34	8,44
1,22	7,69	1,25	7,87	1,29	8,13	1,33	8,38
1,20	7,56	1,24	7,81	1,28	8,06	1,31	8,25
1,19	7,50	1,23	7,75	1,26	7,94	1,30	8,19
1,18	7,43	1,21	7,62	1,25	7,87	1,29	8,13
1,17	7,37	1,20	7,56	1,24	7,81	1,27	8,00
1,15	7,24	1,19	7,50	1,22	7,69	1,26	7,94
1,14	7,18	1,18	7,43	1,21	7,62	1,25	7,87
1,13	7,12	1,17	7,37	1,20	7,56	1,23	7,75
1,12	7,05	1,15	7,24	1,19	7,50	1,22	7,69
1,11	6,99	1,14	7,18	1,18	7,43	1,21	7,62
1,10	6,93	1,13	7,12	1,17	7,37	1,20	7,56

RAPPORT DE LA CROUTE A LA MIE DANS LE PAIN

Dans un travail intitulé : *Etude analytique sur le blé, la farine et le pain*, M. J.-A. Barral s'exprime ainsi qu'il suit :

« J'ai étudié le pain de plus de 150 boulangeries de Paris, de plusieurs boulangeries de la banlieue, de la boulangerie de l'Assistance publique, située sur la place Scipion, à Paris, enfin le pain de ménage des campagnes. J'ai soumis à l'analyse 36 pains différents.

« Le rapport moyen de la croûte à la mie est de 24 à 76 % de pain ; les proportions extrêmes de croûte ont été de 15 et de 42 %.

« Tandis que l'hydratation de la croûte s'est trouvée comprise entre 8,67 et 35,44 %, celle de la mie s'est maintenue entre 33,16 et 49,20 ; l'hydratation du pain, considérée dans son ensemble, a présenté, comme limites extrêmes, 31,19 et 46,9. Les pains de fantaisie ont, en général, moins de 36 % d'eau ; les autres pains en contiennent près de 40.

« M. Rivot, dans un travail sur le pain, présenté à l'Académie il y a quelques années, s'est occupé des différences que peuvent offrir, au point de vue des matières minérales, la croûte et la mie du pain. Il a trouvé plus de cendres dans la croûte, les deux parties du pain étant ramenées au même degré de dessiccation ; il en a conclu que, pendant la cuisson, la croûte devait éprouver une perte sensible de matière organique, mais il ne s'est pas ccupé de rechercher en quoi cette perte pouvait consister. En dosant l'azote de la croûte et de la mie du pain par le procédé de M. Peligot, je suis arrivé à ce résultat inattendu que toujours la croûte est plus riche en matières azotées que la mie du même pain. A l'état de siccité, le rapport moyen de l'azote de la croûte à l'azote de la mie est de 2,37 % à 1,93 %, ou de 123 à 100. Dans l'état normal, la différence de richesse nutritive est bien plus considérable encore. En effet, le rapport moyen de l'azote de la croûte normale à l'azote de la mie normale est de 1,97 % à 1,06 %, ou de 186 à 100, presque celui de 2 à 1. Parfois, le rapport s'élève jusqu'à celui de 2,5 à 1. En d'autres termes, les personnes qui peuvent manger de la croûte de pain au lieu de mie prennent, sous un même poids, un aliment deux fois plus nourrissant. En même temps, j'ai constaté que la croûte est plus soluble dans l'eau que la mie. Ainsi s'expliquent la préférence que l'on doit donner au pain bien cuit sur le pain qui a subi une cuisson insuffisante, les conseils donnés par les médecins de faire pour les jeunes enfants des panades préparées avec de la croûte, l'emploi de l'eau panée faite avec de la croûte, l'usage des biscottes, etc.

« Je n'ajouterai plus, pour terminer ce résumé de mes recherches, que ce fait important, savoir : le pain fabriqué par la boulangerie Scipion avec de la farine complète et que la préfecture de la Seine fait vendre sur les marchés de Paris, à 5 centimes de moins le kilogramme que le pain de première qualité des boulangers, est plus riche en matières azotées dans une proportion qui s'élève

le plus souvent de 150 à 100. C'est la pleine vérification de mes recherches comparatives sur le blé
et sur les farines complètes et incomplètes. »

———

CHAPITRE VII

Fours divers de Boulangerie

Depuis le commencement de ce siècle, on s'est
appliqué à perfectionner l'ancien four de boulangerie dont les défauts devenaient de jour en jour
plus apparents, surtout dans les grandes villes où
des habitudes de luxe et de bien-être exigeaient
un pain plus salubre, plus propre et plus délicat.
D'ailleurs l'élévation croissante du prix des combustibles imposait aussi à l'art du boulanger la
nécessité de faire usage d'appareils plus économiques. On a donc cherché à introduire dans la construction de ces fours les principes de la science
dont on avait déjà fait de si heureuses applications
dans d'autres branches d'industrie, et ces efforts
ont donné naissance à un grand nombre d'appareils dont quelques uns sont fort ingénieux et ont
déjà rendu d'importants services, surtout dans les
grands centres de population ou dans les vastes
établissements.

Nous n'avons pas la prétention de décrire tous
les fours qui ont été inventés, mais nous nous

proposons de faire connaître quelques-uns d'entre eux parmi les différents types connus, et même dans ce nombre nous n'entrerons dans des détails un peu étendus que pour ceux qui paraissent avoir été adoptés de préférence, ou avoir donné les meilleurs résultats, ou enfin qui nous paraîtront établis sur les principes les plus rationnels.

On a essayé à plusieurs reprises, aujourd'hui que ces fours de nouvelle construction sont nombreux, à les classer suivant un ordre méthodique; mais le seul ordre suivant lequel il soit nécessaire de les ranger est celui de leur mode de chauffage. En effet, ce que l'on doit d'abord et toujours rechercher dans la construction d'un four de boulangerie, c'est que sa disposition permette d'utiliser la plus grande fraction adéquate de la chaleur développée par la combustion des matières dont on peut disposer pour le chauffer. La cuisson du pain est une opération qui se répète tous les jours, et la plus légère économie sur la fabrication de ce produit finit, au bout de l'année, par former une somme assez ronde dont bénéficie le boulanger. La facilité et la rapidité des manœuvres, la bonne confection et la belle apparence des produits deviennent alors des questions secondaires, parce qu'une fois en possession d'un four où la cuisson peut s'opérer économiquement, ces questions peuvent être promptement résolues, soit par de légères modifications dans le principe de la construction, soit par des soins plus attentifs apportés dans les opérations, soit enfin par des ouvriers plus expérimentés dans leur art.

Nous classerons donc les fours sous les chefs suivants :

1° Fours chauffés directement sur l'âtre.

2° Fours chauffés par un foyer placé à l'extérieur, et passage des produits de la combustion à travers sa capacité.

3° Fours chauffés par introduction d'air chaud dans la moufle, ou fours aérothermes.

4° Fours chauffés au gaz.

Nous prévenons que dans nos descriptions nous réserverons parfois le nom du four à l'ensemble des constructions dont se composent ces appareils, et que nous nous servirons du mot de moufle pour désigner plus particulièrement la cavité chauffée où se cuit le pain.

Les fours de la classe 1° sont les plus anciens et ne sont guère usités que dans les petits établissements, malgré qu'on ait essayé, dans ces derniers temps, de les appliquer aussi à de grands services. On les chauffe généralement au bois, et il en résulte que leur emploi n'est pas économique. Ils sont d'ailleurs malpropres et malsains pour les ouvriers qui les dirigent.

Les fours réunis en 2° permettent l'emploi d'autres combustibles que le bois ; peut-être sont-ils moins souillés que ceux en 1° par les produits de la combustion, et moins économiques que les suivants dans les quantités de produits qu'ils fournissent dans un même temps, parce que, comme ceux en 1°, on perd pour la production tout le temps nécessaire à leur allumage et à leur chauffage.

Les fours décrits en 3° et 4° jouissent de l'avantage d'être plus propres, plus salubres pour les ouvriers, d'employer toute sorte de combustibles, de pouvoir opérer plus en grand et même d'une manière continue, et par conséquent d'être plus économiques. D'ailleurs, dans ceux en 3° et 4°, on remarque diverses dispositions mécaniques qui sont destinées à favoriser une grande production.

ÉTUDE SUR LES FOURS EMPLOYÉS EN BOULANGERIE

Le four vulgaire de boulanger ou ancien qui chauffe sur l'âtre a été modifié à plusieurs reprises, et nous allons passer rapidement en revue les différentes modifications qu'on lui a fait subir.

Les fours actuellement employés en boulangerie sont chauffés tantôt au bois, tantôt aux combustibles minéraux comme le coke, le charbon de terre, parfois même aux gaz ou aux vapeurs d'hydrocarbures ; ces derniers modes de chauffages sont encore à l'état d'essai.

Les fours au bois sont chauffés, le plus souvent, en disposant des morceaux minces de bois sur le carrelage et en les faisant brûler dans l'intérieur du four jusqu'à ce que la braise soit en partie consumée ; on achève le chauffage des diverses parties du four en promenant ces braises incandescentes sur les parties du carrelage qui n'ont pas été en contact avec le bois en cours de com-

3.

bustion. C'est le chauffage par contact direct des flammes et du combustible en ignition, brûlant librement dans le four dont la bouche est ouverte.

Dans d'autres cas, les fours au bois sont chauffés indirectement, c'est-à-dire sans que le combustible en ignition repose sur le carrelage, et en envoyant dans le four les flammes et les gaz chauds provenant de foyers placés soit dans l'axe du four, près de la bouche, soit latéralement à la bouche ; le chauffage s'opère alors en distribuant les gaz chauds dans les diverses parties du four dont la bouche est fermée.

Lorsqu'on chauffe les fours avec des combustibles minéraux, le chauffage du four proprement dit est toujours indirect, c'est-à-dire que le carrelage et la voûte sont exclusivement chauffés par le contact ou la réflexion des gaz chauds ou des flammes provenant de ces combustibles sur ces parois ; les foyers sont également placés dans l'axe ou latéralement au four, ou bien ils émergent de la sole pendant le chauffage, et ils dispersent leurs flammes dans les différentes parties du four.

Parfois, le four est chauffé avec des combustibles minéraux ou végétaux, dont ni les flammes ni les gaz chauds ne pénètrent dans la chambre de cuisson, mais circulent dans des canaux creusés dans ses diverses parois, de manière à ne chauffer le four proprement dit que par conductibilité, ce genre de four est désigné sous le nom de « four aérotherme ».

Quel que soit le mode de chauffage, le four du boulanger est composé d'un massif rectangulaire en maçonnerie, au milieu duquel se trouve disposée la chambre de cuisson, de manière que cette chambre soit enveloppée d'une paroi très épaisse en maçonnerie, empêchant le mieux possible la déperdition de la chaleur communiquée à la chambre de cuisson.

La grandeur de cette chambre varie suivant la nature et la grosseur des pains à cuire, mais sa forme est presque toujours celle d'un œuf ou bien d'une poire dont on aurait coupé la queue, qui correspondrait alors à l'ouverture du four ; cependant certains fours aux combustibles minéraux sont rectangulaires. La forme ovoïde ou celle d'une poire paraît la plus avantageuse et la plus économique pour concentrer, conserver et réfléchir uniformément la chaleur sur les pains étalés sur le carrelage. La chambre affecte aussi en creux la forme d'un demi œuf ou d'une demi poire, dans laquelle on distingue les parties suivantes : le carrelage ou âtre, la voûte, le dôme ou chapelle, la bouche ou entrée du four, l'autel, l'arcade, les ouras, la toilette et le bouchoir. On accole généralement au four une chaudière, et on ménage le plus souvent dans le massif une niche qui sert à loger l'étouffoir à braise dans le cas de cuisson au bois.

Nous allons passer en revue la caractéristique de chacune de ces parties (fig. 123, 124, et 125).

Carrelage ou âtre. — La sole du four ou âtre est en pente depuis l'entrée jusqu'au fond pour

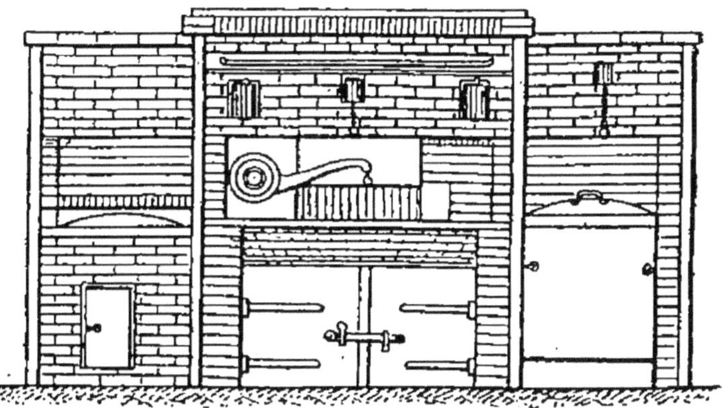

Fig. 123. — Four de boulanger. (Elévation).

a Autel.
b Bouche.
c Carrelage ou sole du four.
d Dôme ou Chapelle.
f Cheminée.
l Lanterne d'éclairage du four.

m Chaudière.
o Ouras et conduits de fumée.
p Bouchoir fermant le four.
t Toilette obturant le bas de la cheminée.
v Voûte ou Arcade.

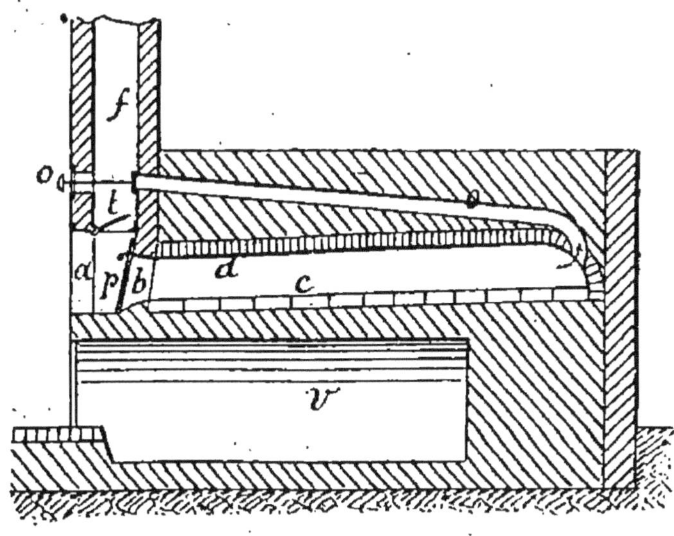

Fig. 124. — Coupe longitudinale.

permettre de conserver la buée provenant de la cuisson du pain aussi longtemps que possible au contact de la croûte. Dans la plus grande généralité des cas, le carrelage du four est confectionné en carreaux ordinaires non cuits, fabriqués en terre à four, bien battus sur les côtés et mis longuement à sécher non seulement à l'air, mais

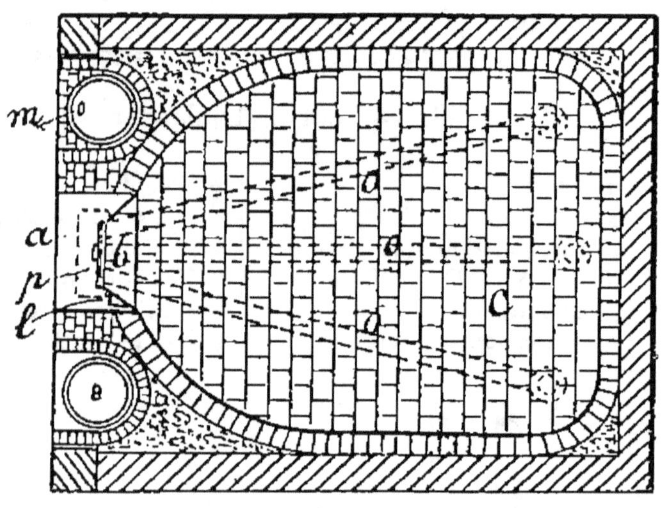

Fig. 125. — Plan.

sur le four même du boulanger qui doit les employer ; les cinq premiers rangs de carreaux qui avoisinent la bouche peuvent être faits en carreaux cuits ou réfractaires, afin d'éviter leur usure rapide sous les chocs réitérés des pelles et des autres instruments : rouable, écouvillons, etc.

Voûte, dôme ou chapelle. — La voûte du four suit fidèlement l'inclinaison donnée de l'entrée vers le fond à l'âtre, sa courbure dans le sens transversal est plus ou moins accentuée suivant le genre de combustion choisi pour la cuisson, de même que sa distance verticale à l'âtre; dans le cas de four au bois on recommande de donner 85 centimètres de distance de la chapelle à l'âtre dans le voisinage des piédroits et de calculer la courbure de façon qu'elle soit le sixième environ de la largeur du four.

La chapelle doit être en briquettes réfractaires pour former une voûte de 22 centimètres d'épaisseur, hourdée en terre à four à mi-hauteur et coulée en plâtre pour le surplus des joints; ces briquettes reposent sur les piédroits réfractaires de chapelle qui bordent la chambre de cuisson, au moyen de tuiles réfractaires ou de vieilles tuiles provenant de couvertures. Toute la surface au-dessus de la voûte en briquettes est recouverte d'un glacis et chargée ensuite en matières mauvaises conductrices de la chaleur et incombustibles, comme du sable, des machefers, des laitiers de fonderies, des briques en liège, de manière à former une épaisseur d'environ 35 centimètres au-dessus de la clé de la chapelle.

La surface de la chambre de cuisson est ainsi bordée par des piédroits en carreaux réfractaires et sa sole est plane avec une inclinaison ayant son point le plus élevé au fond du four. Les diverses parties de cette chambre de cuisson ont reçu les noms suivants : la partie latérale gauche est dite premier quartier, puis vient le fond, la partie latérale droite dite dernier quartier et enfin la bouche.

Entrée ou bouche. — La largeur de la bouche est calculée d'après la largeur et la grosseur des pains à enfourner, elle est encadrée d'une partie métallique en fonte contre la feuillure de laquelle s'applique une porte en fonte à coulisse ou à penture qui doit fermer aussi hermétiquement que possible pour éviter toute perte de buée. La bouche est garnie à sa partie supérieure, d'une tôlette à charnière qui permet de dégager toute la hauteur de la bouche au début de l'enfournement et qui, rabattue peu après, sert à conserver la buée dans le fond du four pendant que se produit l'enfournement.

Autel. — L'autel c'est la tablette horizontale sur laquelle le bouchoir ou penture pose lorsque le four est ouvert ; cette tablette sert de surface de repos pour la pelle avant et après l'enfournement : elle est ordinairement formée d'une barre en fer limitant la surface en briques réfractaires qui remplace actuellement les tablettes d'autel en fonte, à travers laquelle on perçait une ouverture pour livrer passage aux braises dans l'étouffoir, que l'on employait autrefois dans tous les fours au bois.

Arcade. — L'arcade est une chambre voûtée, placée au-dessus de la sole du four et dans la plus grande partie de sa longueur, qui est utilisée, dans le cas de four au bois, pour mettre la réserve de bois sec destiné au chauffage ; on lui donne ordinairement un peu plus que la longueur des morceaux de bois employés pour le chauffage. Cette arcade se ferme sur la façade du four par des portes en tôle.

Dans le cas de fours aux combustibles minéraux

l'arcade est supprimée et elle sert le plus souvent à loger les foyers du four, ou ces foyers et les organes permettant d'amener ces foyers à la hauteur et à la distance convenables dans le four.

Ouras. — Les ouras sont les conduits par lesquels s'échappent les produits de la combustion avant de se rendre dans la cheminée du four. Ces conduits partent ordinairement au ras de la sole dans les piédroits et près du fond du four ; ils s'élèvent d'abord verticalement, puis ils parcourent toute la longueur de la chapelle, au-dessus de la maçonnerie, pour aboutir au-dessus de la bouche du four dans la cheminée.

On place habituellement un de ces conduits de chaque côté de l'axe du four, parfois on en met un troisième dans l'axe même du four. Enfin on augmente ou diminue ce nombre suivant les cas, de manière à appeler les gaz chauds dans toutes les parties du four. Ces conduits sont pourvus de tampons métalliques obturateurs, de telle sorte qu'on peut, en agissant sur ces tampons, qui se placent sur la façade du four, à l'endroit où le conduit va déboucher dans la cheminée, fermer ou ouvrir le conduit et permettre ainsi aux flammes de se diriger dans la cheminée, par celui des conduits qui reste ouvert.

Il existe un grand nombre de systèmes de ouras ou tampons obturateurs, construits de façon à assurer une fermeture hermétique des conduits de fumée, pour éviter toute perte de buée et faciliter le nettoyage de ces conduits, qui sont promptement bouchés par la suie légère qui s'y dépose.

Toilette. — La toilette est une porte en tôle qui se place horizontalement, à la base de la cheminée qui surmonte la bouche du four ; cette porte, à charnières horizontales, est pourvue d'une chaînette qui fait saillie sur la façade du four, et à l'aide de laquelle on peut soulever la dite toilette pour ouvrir la communication entre la bouche et la cheminée.

Cette toilette sert principalement dans le cas de four à chauffage direct par le bois, car les flammes du combustible amenées à la bouche du four, au lieu d'être appelées vers le fond par les ouras, sont aspirées directement dans la cheminée qui surplombe la bouche, et chauffent toutes les parties de la bouche avec plus de rapidité et plus d'uniformité.

Lorsqu'on veut attirer les flammes vers le fond du four, on ferme la toilette et on laisse les ouras ouverts.

Bouchoir. — Le bouchoir est constitué ordinairement par une porte de fonte venant s'appliquer dans une feuillure creusée dans un cadre en fonte enveloppant la bouche. Il est formé également d'une porte coulissante en fonte qui glisse dans des coulisses verticales ménagées dans le cadre en fonte de la bouche ; dans ce cas alors, la porte à guillotine est équilibrée à l'aide d'un ou de deux poids, qui sont attachés sur le bouchoir au moyen de chaînes ou d'un levier pourvu d'un secteur denté ou portant une chaîne.

Le bouchoir doit fermer aussi hermétiquement que possible, afin d'éviter la perte de la chaleur et surtout de la buée qui, par l'effet de la cuisson, sort du pain et tend à s'échapper par toutes les issues.

Quelques constructeurs préfèrent même adapter deux bouchoirs l'un derrière l'autre pour assurer davantage encore l'herméticité du bouchoir.

On emploie encore des bouchoirs formés de portes coulissantes, mais ces bouchoirs ne permettent pas d'obtenir une herméticité suffisante pour la cuisson convenable du pain.

Lanterne. — Dans la plupart des fours que l'on construit maintenant, on dispose dans la devanture du four un logement ou lanterne, s'ouvrant sur la façade par un portillon, dans lequel on place un appareil à gaz ou à l'huile, ou encore au pétrole, au moment de l'enfournement ou du défournement du pain, pour éclairer l'intérieur du four.

Nous avons parlé des divers systèmes de fours dans lesquels le chauffage était obtenu en plaçant à l'intérieur du four le combustible, celui-ci, le plus souvent du bois bien sec, était disposé convenablement sur la sole, puis allumé. la bouche du four et les ouras étant ouverts assuraient la combustion du bois et sa transformation en braise.

Ce système de chauffage des fours, quoique très ancien, est encore le plus répandu actuellement. Cependant, depuis un certain nombre d'années déjà, on a cherché dans les grandes villes et principalement à Paris, où le bois est un combustible cher et où la braise est presque invendable, à appliquer la houille au chauffage des fours. Le boulanger trouve dans l'emploi du charbon de terre une grande économie de chauffage, de plus, ce combustible, ayant sous un volume moindre un plus grand pouvoir calorifique, permet au boulanger de réduire très sensiblement son foyer puisqu'il n'a plus besoin de l'emplacement considérable que lui nécessitait le logement de son bois.

Pour ces diverses raisons on a été amené à créer des fours de boulangers se chauffant au charbon de terre et s'adaptant facilement dans les fours au bois existants.

Nous allons examiner, dans leur ordre chronologique, ces divers systèmes en choisissant, de préférence, parmi eux ceux qui ont trouvé des applications en boulangerie, et nous rendrons compte également, au fur et à mesure qu'ils se présenteront dans leur ordre de date, de quelques systèmes de fours chauffés au gaz.

Les fours de boulangers chauffés à la houille peuvent se diviser en deux catégories : les fours aérothermes, c'est-à-dire ceux dans lesquels les gaz chauds venant d'un foyer attenant au four, circulent autour de la capacité interne où s'opère la cuisson du pain ; et ceux dans lesquels les flammes provenant du foyer pénètrent et chauffent directement la chambre de cuisson.

En 1880, M. Michel Perret (fig. 126) a fait breveter un four aérotherme dans lequel le foyer, placé sous la bouche du four, comportait une série d'étages *c* destinés à recevoir du poussier de charbon de terre, et les flammes, provenant de la houille placée sur la grille f parcouraient successivement ces étapes e, y allumaient le combustible pulvérulent, puis les gaz chauds produits circulaient dans une série de canaux c, disposés autour de la chambre de cuisson F avant de s'échapper dans la cheminée C..

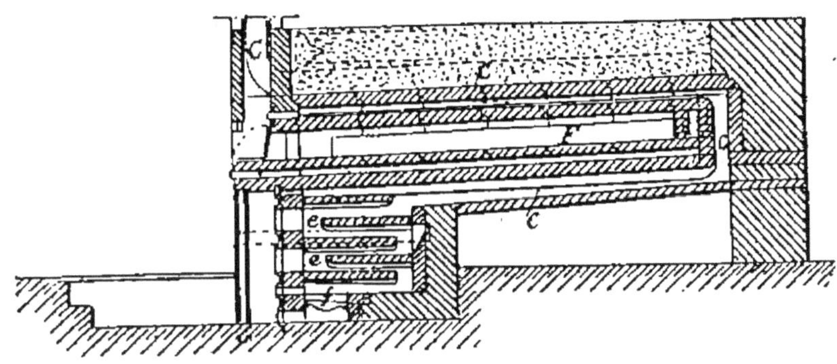

Fig. 126. — Four Perret.

Un système de four, très curieux par la disposition de son foyer, a été mis en application par M. Valfort en 1882 (fig. 127, 128). Le foyer f de ce four était placé au-dessus de la bouche du four et en soulevant un tampon t les flammes pénétraient dans la chambre de cuisson F en léchant les parois de la chapelle et celle-ci, fortement chauffée, donnait par rayonnement la chaleur nécessaire à la sole. Les ouras $hh^1h^2h^3h^4h^5$ dans ce système de four débouchaient à une certaine distance au-dessous de la chapelle afin que les flammes et les gaz chauds se cantonnent sous la chapelle et y abandonnent leur chaleur avant de s'échapper, par ces ouras, de la cheminée C.

En 1882, nous trouvons un four aérotherme chauffé au gaz, de MM. Tompson et Booer (fig. 129) Ce système consistait à faire circuler, dans cha-

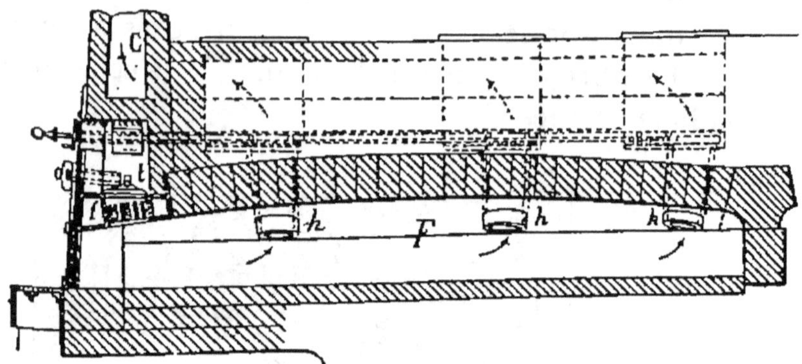

Fig. 127. — Four Valfort.

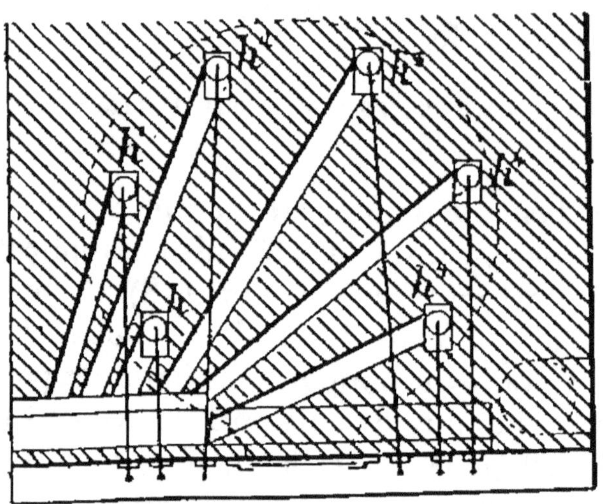

Fig. 128. — Plan.

cun des conduits c placés au-dessus de la chambre de cuisson F, les gaz chauds, attirés par un appel d'air de la cheminée C, provenant d'un bec de gaz b placé en regard de chacun de ces conduits c.

Les gaz parcouraient également des conduits *c* disposés au fond et sous la sole du four avant de s'échapper dans la cheminée C.

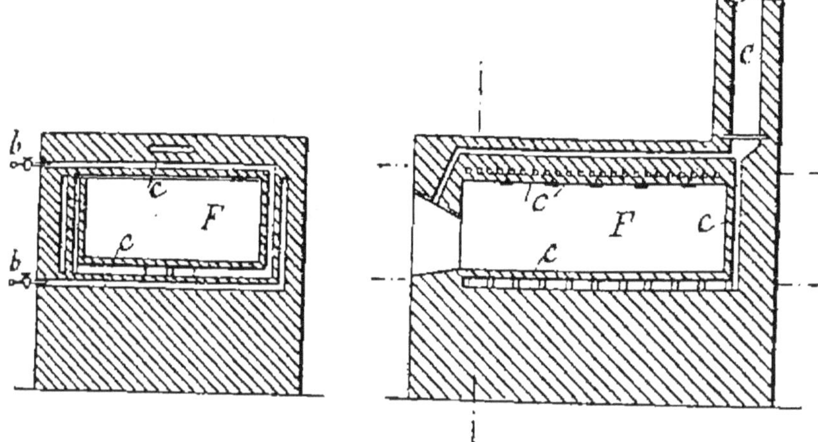

Fig. 129. — Four Thomson et Booer. (Coupes).

Dans certains cas une série de becs *b* pouvaient être allumés en regard des canaux *c* pour chauffer la sole par-dessous.

En 1884, M. Biabaud, le constructeur de fours bien connu, imaginait un four (fig. 130, 131) ayant exactement la forme du four de boulanger ordinaire, mais pouvant être chauffé autrement qu'en brûlant du bois sec sur sa sole ou carrelage.

Dans ce but il dispose sous l'arcade du four ordinaire un foyer *f* avec double porte pour éviter que l'ouvrier ne soit incommodé par la chaleur dudit foyer pendant l'enfournement. Ce foyer envoie ses gaz dans le four F, par deux ouvertures placées contre les piédroits, l'une à droite, l'autre à gauche de la bouche de forme ordinaire.

Les gaz chauds s'étalent en éventail dans le four
et sont recueillis par cinq ouras *c* qui ramènent
les produits de la combustion sous le carrelage,

Fig. 130. — Four Biabaud. (Élévation).

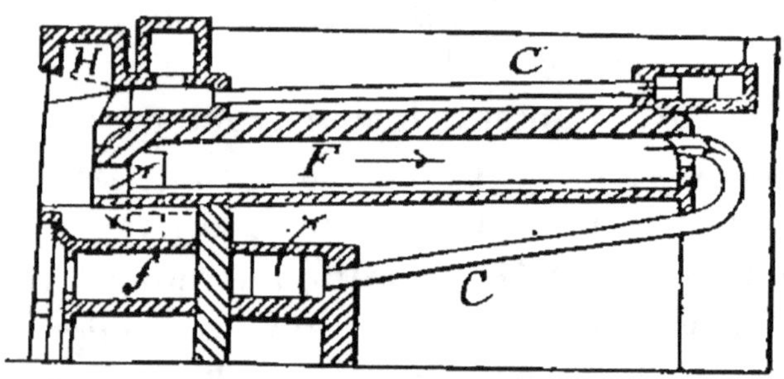

Fig. 131. — Coupe.

puis latéralement aux parois du four et enfin par
les conduits *c* le long de la face externe de la
chapelle, avant qu'ils ne soient évacués dans la
cheminée placée comme ordinairement, au-dessus
de la bouche.

En 1886, M. Baudu créait également un système de four avec foyer unique disposé sous l'arcade ou avec double foyer placé l'un à droite, l'autre à la gauche de la bouche. Ces foyers envoyaient les gaz chauds à droite et à gauche de la bouche dans des piédroits ; seulement, dans le système Baudu, les gaz ou les flammes étaient dirigés, à leur entrée dans le four, par des plaques métalliques perforées ou encore par des capuchons mobiles. Les gaz appelés dans les diverses parties du four par la manœuvre des ouras, s'échappaient directement dans la cheminée, après avoir parcouru les conduits placés sur la chapelle.

Dans ces systèmes de Biabaud et de Baudu, les inventeurs ont appliqué un organe annexe servant à produire la buée qui fait défaut lorsqu'on cuit de petits pains. Dans le four Biabaud, l'appareil à buée est double, l'un est placé à droite, l'autre à gauche de la bouche, et ils sont indépendants. Dans le four Baudu, l'appareil à buée est formé d'une chaudière à vapeur ou encore d'un simple tuyau en serpentin placé au-dessus du foyer et envoyant l'eau chaude ou la vapeur par un tuyau unique dans le fond du four, vers la bouche.

A partir de cette époque, les fourniers ont eu l'idée de rendre leur foyer mobile et de l'amener dans la chambre de cuisson du four, de telle sorte que les flammes appelées par les ouras chauffent les diverses parties du four : carrelage et chapelle, comme le faisaient les flammes provenant de la combustion du bois qui s'effectuait sur le carrelage.

Cette mobilité du foyer permet de supprimer

les divers tuyaux qui servaient à conduire les gaz les plus chauds du foyer dans l'intérieur du four et d'user mieux le combustible, puisqu'il sert immédiatement à chauffer la chambre de cuisson. Tantôt la mobilité est simplement verticale ; elle a pour but de soulever le foyer pour l'amener — après que le combustible est en feu — au niveau ou un peu au-dessus du carrelage du four. Dans d'autres cas, la mobilité est à la fois verticale et horizontale pour faciliter le chargement du foyer et ses réparations hors du puits ou du logement qu'il occupe sous le four.

Nous passerons successivement en revue ces divers systèmes de fours à foyer mobile qui paraissent, à l'heure actuelle, être les plus appréciés des boulangers français. Cet engouement est légitimé par la suppression totale des registres dirigeant les flammes du foyer dans le four et surtout par suite de la grande économie de combustible qui résulte de l'utilisation directe du combustible pour chauffer la chambre de cuisson.

ÉTUDE DES FOURS NOUVEAUX SYSTÈMES

Les fours à foyer mobile les plus généralement employés en boulangerie sont :

Le four système A. Mousseau, de Paris (*fig.* 132 et 133), dans lequel la grille est disposée au fond d'une cuvette rectangulaire en fonte garnie intérieurement de carreaux réfractaires ; cette cuvette repose sur un socle servant de conduit d'arrivée d'air. La cuvette ou le socle sont munis de galets

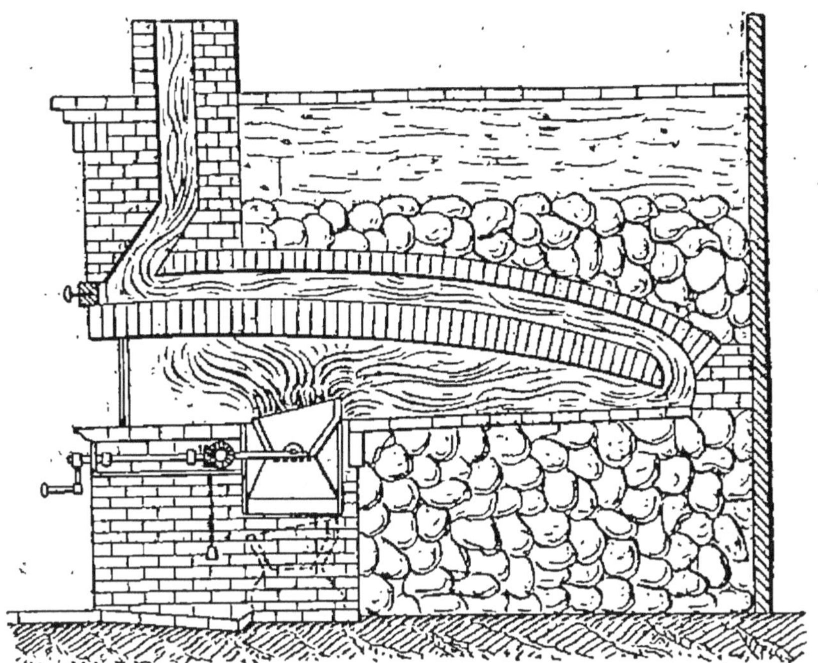

Fig. 132. — Four Mousseau (1er modèle).

Fig. 133. — Four Mousseau (2e modèle).

ou roulettes permettant de déplacer horizontalement la grille pour la charger, la décharger, la
nettoyer et la réparer.

Les mouvements de monte et baisse du foyer,
constitués par cette cuvette à grille et son socle,
sont obtenus en manœuvrant une manivelle placée
sur la façade du four à gauche de la bouche : cette
manivelle commande, par des roues dentées, une
paire de roues à chaîne qui déplacent une paire de
chaînes dont chacune est attachée sur les parois
latérales du socle, lequel est assujetti à glisser verticalement le long de montants en métal placés
sous la sole du four et à droite et à gauche de la
bouche contre les parois latérales en maçonnerie
de la cheminée ou puits dans lequel s'élève l'appareil de chauffage dit foyer mobile.

. L'ouverture rectangulaire pratiquée dans le
carrelage, pour livrer passage au foyer, est bouchée par deux trappes métalliques ou à cadre en
métal avec garniture intérieure en carreaux réfractaires.

Le four système Merlet, d'Asnières (Seine)
(*fig.* 134), dans lequel le foyer est surmonté d'une
coupole cylindrique, dite « Phare », percée d'une
ou plusieurs ouvertures rectangulaires sur sa paroi
cylindrique pour livrer passage aux flammes du
foyer ; cette coupole peut tourner aisément dans
une gorge disposée au sommet de la cuvette métallique constituant le foyer.

Le foyer, surmonté de sa coupole, se place sous
l'arcade du four et il est porté latéralement au
moyen de tourillons sur un bâti métallique fixe.

Des leviers pourvus de contrepoids sont tourillonnés et solidarisés avec le foyer, de telle sorte qu'en déplaçant cette paire de leviers à contrepoids, on élève le foyer de manière que sa coupole émerge

Fig. 134. — Four Merlet (Appareil mobile).

dans le four un peu au-dessus de la sole : en faisant tourner sur place cette coupole, on présente ses ouvertures vers les rives ou le fond du four et on y dirige les flammes. Dès que le chauffage est jugé suffisant, on redescend le foyer en dégageant les leviers à contrepoids.

Four Viennois

Le four Viennois ne diffère du four ordinaire qu'en ce que la sole est légèrement inclinée, étant au fond un peu plus élevée qu'à la bouche. Mais la forme ovoïde reste la même, ainsi que les dimensions.

Il y a aussi une bouche avec *bouchoir spécial* (*fig.* 135), dont nous donnons ci-dessous le dessin.

Fig. 135. — Bouchoir Viennois.

Ce bouchoir, à bascule et contrepoids, a deux avantages : la fermeture complète de la bouche et l'ouverture pratiquée, et à laquelle est adaptée une lanterne où l'on peut introduire une lampe ou un bec à gaz.

La sole de ce four doit être tenue très propre tant pour l'enfournement que pour le défournement, on devra avoir la précaution de ne lever le bouchoir, au passage de la pelle, que juste l'espace nécessaire à la vue de l'intérieur du four et bien refermer ce bouchoir après chaque opération afin d'éviter l'échappement de la buée.

4.

S'il n'y a pas d'appareil à buée installé dans les piédroits du four, on devra y introduire un récipient quelconque contenant de l'eau chaude qui, en se vaporisant, fera la buée nécessaire.

Fours divers

Four Lamoureux. — Pour cuire le pain dans de bonnes conditions, il faut enfourner à une température vive et plus élevée à l'entrée du four qu'au fond, afin de compenser la déperdition de chaleur qui se produit pendant l'enfournement ; il faut aussi que cette chaleur vive, nécessaire au développement du pain, tombe insensiblement, pour permettre de laisser séjourner le pain dans le four un temps suffisant pour assurer une bonne cuisson sans brûler.

Les fours à chauffage indépendant et continu ne peuvent donner ces résultats, puisque la chaleur ne décroît pas ou presque pas. Le système Lamoureux, qui est à la boulangerie des hôpitaux de la ville de Paris, et dans lequel il est fabriqué 18 fournées chaque jour, fonctionne très bien, grâce au réchauffage qui se fait entre chaque fournée par l'envoi direct de la flamme dans l'intérieur du four. Mais il est trop coûteux, et il ne pourrait pas être employé avec avantage dans une petite fabrication.

Le nouveau système de chauffage (*fig.* 136) que propose M. Lamoureux est applicable à tous les fours sans exception, sans enlever la faculté de brûler du bois. Ce point est très avantageux, même pour les plus petites boulangeries : il est aussi pratique que simple, et la grande économie qu'il procure s'explique par les causes ci-après :

Tout le calorique produit par le combustible consommé est employé au chauffage direct des

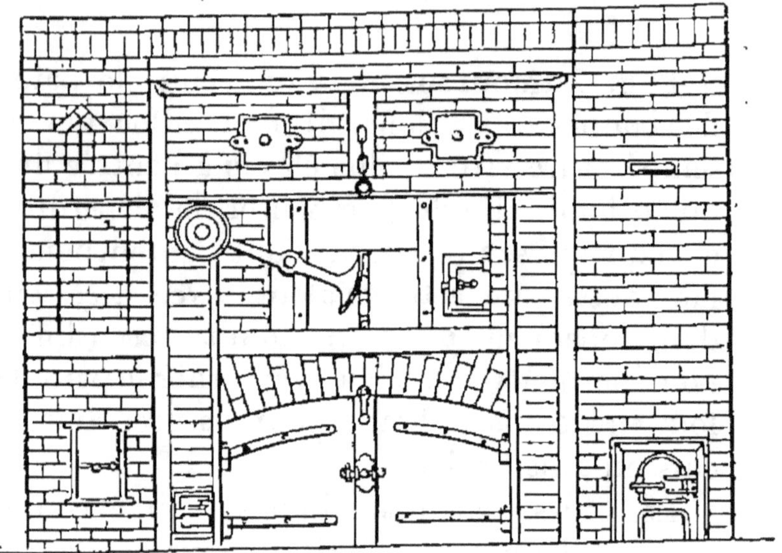

Fig. 136. — Four Lamoureux. (Elévation).

parois intérieures du four, sans déperdition par l'appel d'air nécessaire au tirage, puisque cet appel se fait par le dessous du foyer, et que l'air ainsi appelé est absorbé par la combustion. C'est surtout à ce dernier fait que doit être attribuée la faible consommation de combustible : 10 kilogrammes de charbon par fournée.

Quant à la régularité de la cuisson, elle ne pouvait être obtenue qu'en introduisant la flamme dans l'axe du four et à l'entrée de la bouche, point sur lequel il faut une température beaucoup plus élevée que partout ailleurs, ce qui est consacré par l'usage, puisque tous les boulangers qui brûlent du bois emploient de préférence le chauffage dit à l'anglaise ou à bouche.

A tous ces avantages, nous ajouterons que la manœuvre de ce four nous paraît beaucoup moins pénible que celle d'un four au bois ; il n'y a plus de bois à fendre et à mettre sécher, plus de braise à retirer du four. De plus, son entretien est peu coûteux, car le carrelage et la voûte durent infiniment plus longtemps que dans les fours ordinaires.

Four Bailey-Baker. (*Fig.* 137) — : Four continu à chauffage externe et interne, et *fig.* 138 : Four superposé chauffé sur le côté.

Au moyen d'un système de registres, il est possible de régler exactement la quantité de chaleur et sa distribution. La sole du four est fixe et faite de carreaux en terre réfractaire. Le temps de repos nécessaire au réchauffage du four, par la réouverture des registres de chaleur, entre les fournées de pain français, est de 10 à 30 minutes. Pour les petits pains, aucun repos n'est nécessaire.

Le système d'éclairage est ingénieux. Il suffit de tourner une petite manivelle, pour qu'une lanterne, munie d'un réflecteur, entre dans le four et l'éclaire dans toute son étendue. Lorsqu'on emploie le gaz, celui-ci se monte et se baisse automatiquement en entrant et en sortant du four.

Tout est fermé hermétiquement. La lanterne même est enfermée dans une boîte en fer, et l'ou-

verture dans le four est fermée non[seulement par
la lanterne lorsqu'elle donne dans le four, mais

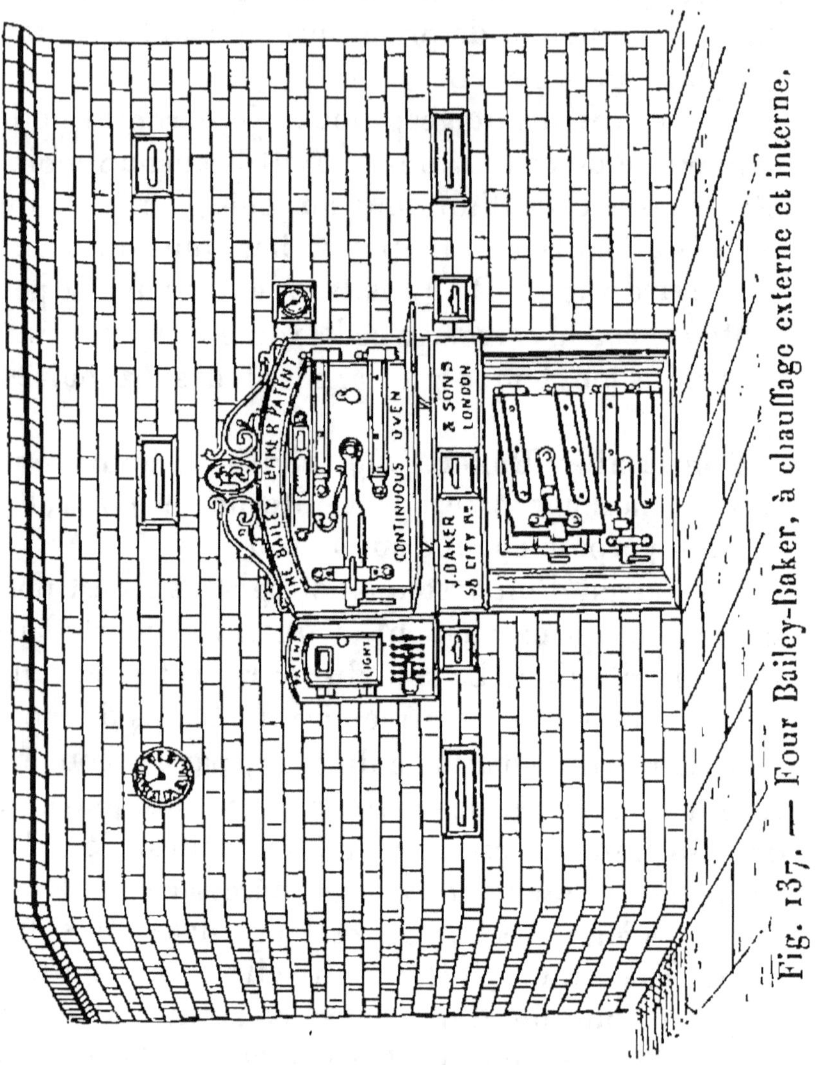

Fig. 137. — Four Bailey-Baker, à chauffage externe et interne.

aussi par une petite porte qui va occuper sa place
lorsque la lanterne se retire. Le mécanisme est
simple et fonctionne très aisément et bien.

Le four double possède comme avantage que

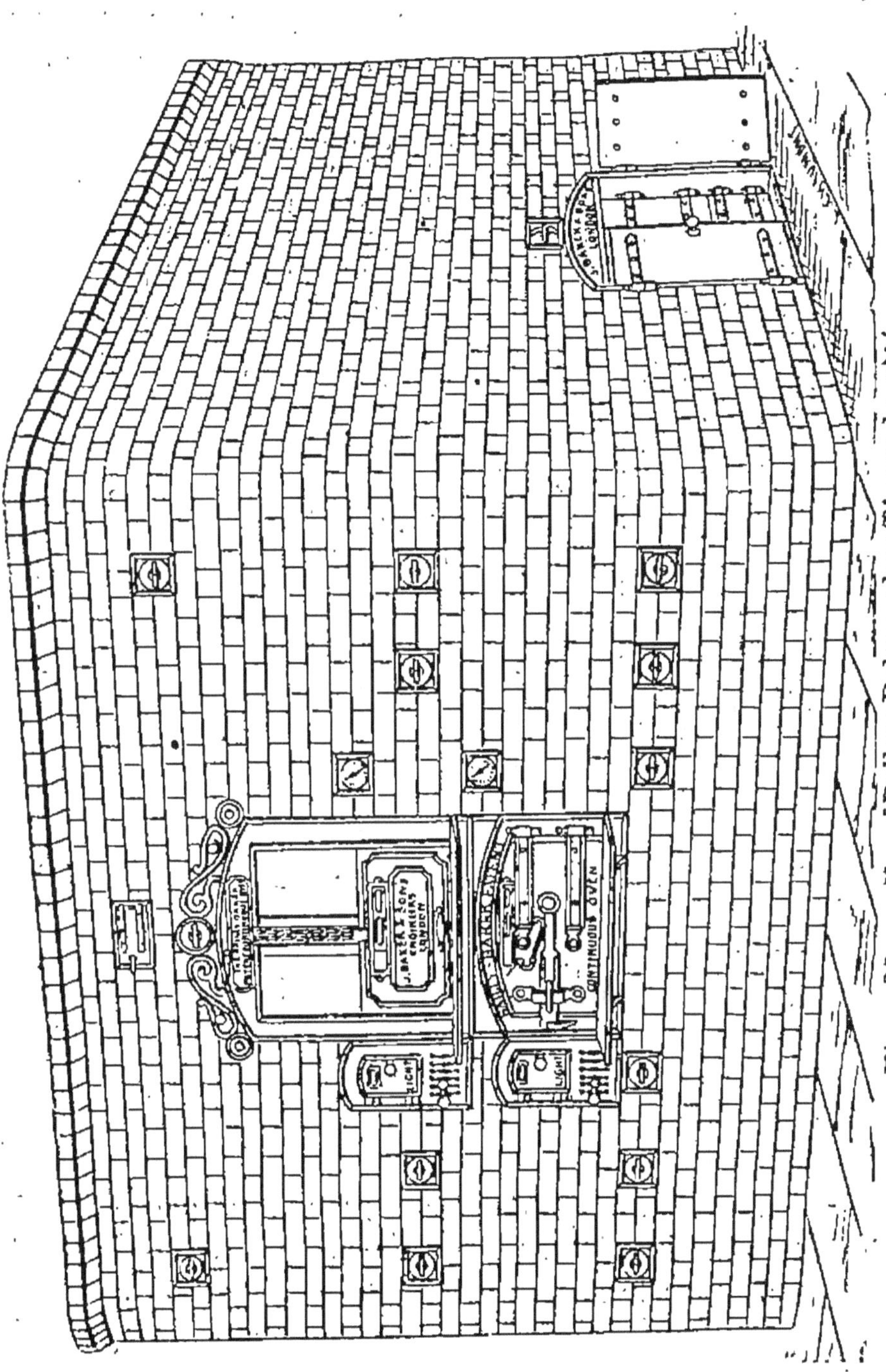

Fig. 138. — Four Bailex-Baker chauffé sur le côté.

chaque four se chauffe indépendamment du même foyer, de sorte qu'il est possible de maintenir les deux chambres à cuire au degré de chaleur voulu.

Le four Viennois a la sole inclinée, comme dans les autres fours de ce système, mais il a une chaudière et des appareils à buée d'un type spécial.

Four à sole mobile et chauffage continu (*Van der Schuijt*) (*fig.* 139). — Le principe sur lequel

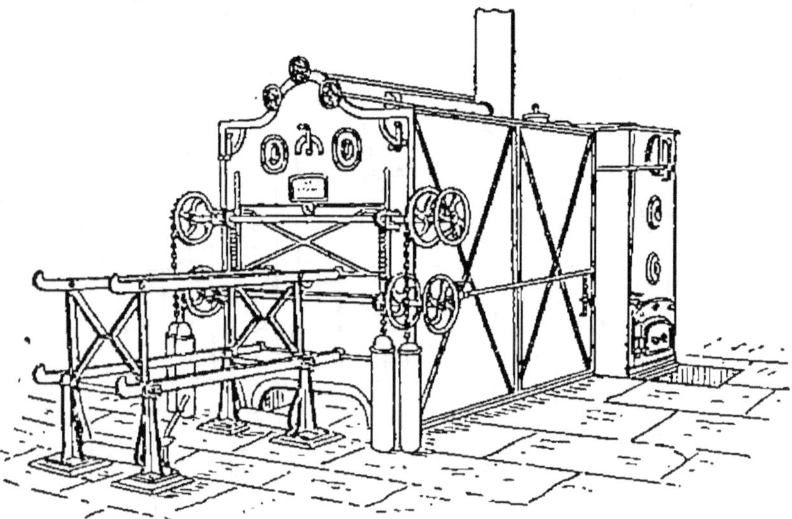

Fig. 139. — Four Van der Schuijt. (Élévation).

est basé le four présenté par M. Van der Schuijt c'est d'être chauffé par un foyer qui est séparé du four proprement dit où le pain est cuit. Ce foyer peut être placé dans la boulangerie même ou indifféremment dans un autre local. Le four peut être construit à un ou deux étages, mais la disposition est la même. Nous représentons (*fig.* 139) une élévation perspective du four Van der Schuijt en briques à deux étages, (*fig.* 140) une coupe

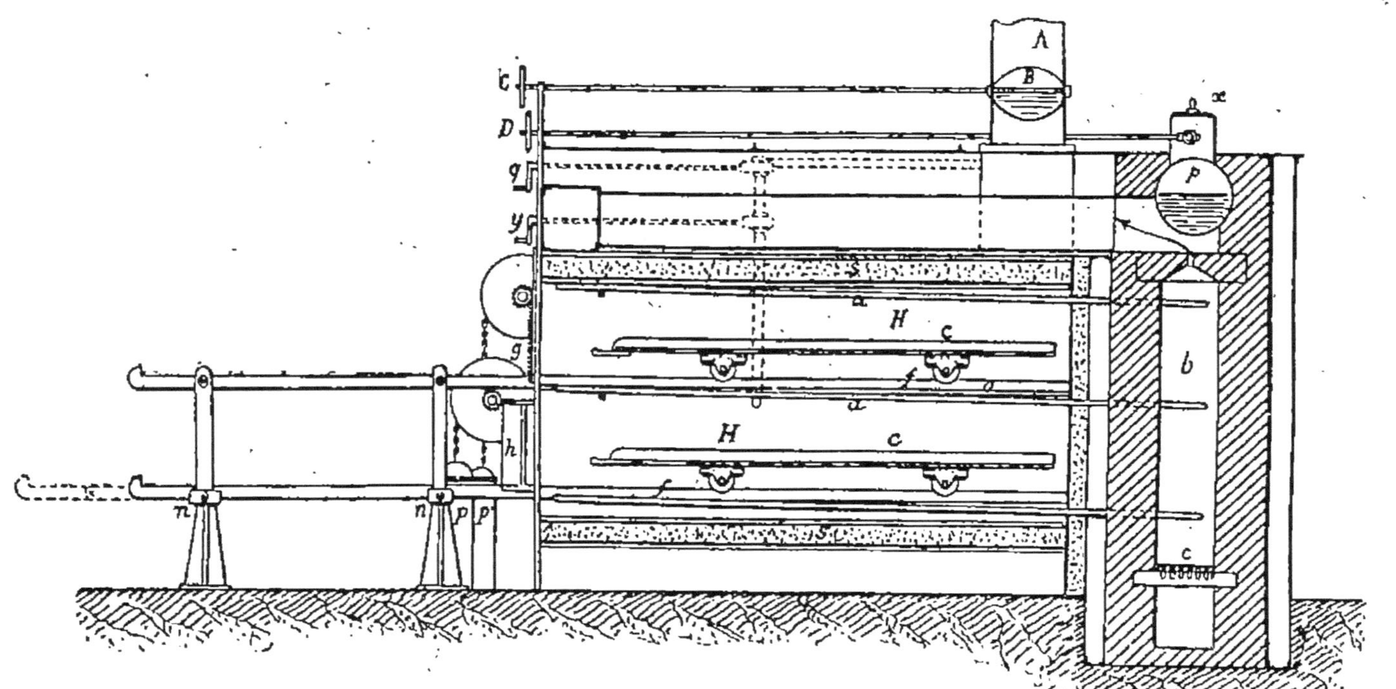

Fig. 140. — Coupe longitudinale.

longitudinale, et (*fig.* 141) une coupe transversale de cet appareil.

Le four est chauffé par trois ou quatre séries de

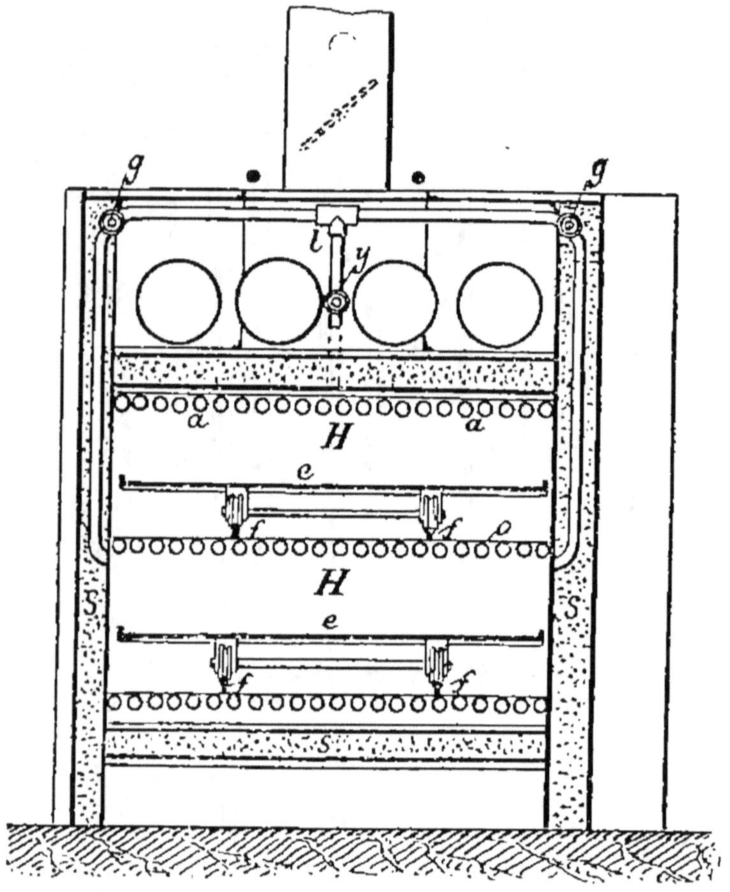

Fig 141. — Coupe transversale.

tubes fermés et inclinés *a*, contenant la moitié de leur volume d'eau ou de tout autre liquide convenable, et débouchant dans une chambre de chauffe *b*, munie d'une grille *c*.

La chambre H qui forme le four proprement

dit, est divisée en deux compartiments par une forte tôle *o*.

Chacun des compartiments est muni d'une sole mobile *e*, montée sur rails *f*; on a donc, pour ainsi dire, deux fours distincts dont le chauffage seul est commun; toutes les autres opérations sont indépendantes, ce qui permet de défourner et d'enfourner dans un des compartiments, sans que la marche de l'autre soit en rien dérangée.

Deux portes *g* et *h*, ajustées sur des montants verticaux et commandées par des pignons et des crémaillères, servent à l'ouverture et à la fermeture des deux compartiments. Ces portes sont équilibrées par les contre-poids PP′, et se manœuvrent sans force.

Les soles peuvent être retirées hors du four en les faisant rouler sur les rails *f*. La voie supérieure est plus étroite que la voie inférieure, et comme elle peut osciller autour des axes *n*, on la rabat dans l'intervalle de la voie inférieure. On la remonte pour retirer la sole supérieure. Un contre-poids maintient ce système en équilibre.

Toutes les opérations qui précèdent la cuisson ou qui la suivent, peuvent donc se faire en dehors du four, ce qui permet de maintenir les portes fermées tout le temps de leur durée et d'éviter ainsi une grande perte de chaleur.

Dans le cas où la chaleur est trop forte dans le compartiment supérieur, on ouvre le robinet *y* qui permet aux gaz chauds de ce compartiment de s'échapper dans la cheminée A en passant par le tuyau *l*.

Les robinets g et g' remplissent le même but pour le compartiment inférieur.

La chaleur perdue du foyer b est utilisée au chauffage d'une chaudière p, et de la sorte on a toujours de l'eau chaude dans la boulangerie. L'eau de cette chaudière est conduite par les tuyaux, commandés par deux robinets D, dans chacun des compartiments du four, où elle tombe sur les tubes de chauffage et est vaporisée immédiatement, de manière à y produire une certaine quantité de buée nécessaire à la bonne cuisson du pain. Cette chaudière a un chapeau mobile x qui se soulève quand la pression de la vapeur est forte.

Les gaz chauds de la combustion passent ensuite dans une série de carneaux avant de se rendre à la cheminée A, ce qui a pour but de maintenir la partie supérieure du four à une température suffisante pour éviter la perte de chaleur du four par rayonnement. Le tirage de la cheminée est réglé par la valve B, mue par le volant C.

Les parois S du four sont formées, le plus souvent, de deux plaques de tôle, entre lesquelles on met du sable ou toute autre matière analogue, scories de haut fourneau, etc. Au contraire, dans les boulangeries ordinaires, il vaut mieux prendre un four en briques. Les fours en tôle sont démontables et dès lors préférables dans les maisons avec un très court bail.

Un manomètre mesure constamment la pression dans les tubes, et des thermomètres marquent la température de chaque compartiment du four.

Le foyer est complètement séparé du four par une double cloison en briques, supprimant l'action du feu dans l'intérieur du four où se fait la cuisson du pain ; on évite, par cela même, les dégagements des gaz de la combustion qui, dans les fours ordinaires, peuvent atténuer la bonne qualité du pain. On arrive également à supprimer complètement le nettoyage de la sole du four, le brossage du pain après la cuisson et l'emploi du fleurage.

Grâce aux soles mobiles qui sont amenées au moment de l'enfournement à la portée de l'ouvrier, celui-ci peut garnir ses soles les unes après les autres, sans faire usage de la pelle, et les repousser aussitôt dans le four. De la sorte, l'enfournement se fait d'un seul coup, la cuisson est continue et sans arrêt.

L'entretien de ce four est donc très économique, le feu n'ayant aucune action dans les chambres à cuire ; on supprime la lumière à la bouche du four, les dangers d'incendie se trouvent écartés dans une proportion considérable, et le fournil présente une chaleur beaucoup moins intense que dans les fours chauffés directement.

La nature du combustible employé importe peu, puisque les produits de la combustion ne sont pas en contact avec le pain. On peut donc choisir le plus économique, et sous ce rapport, le charbon de terre ordinaire et le coke remplissent toutes les conditions désirables.

Enfin, le four Van der Schuijt peut être construit en fonte, ou en tôle, ou en briques, avec une plaque de sole roulante, ou avec deux soles roulantes, ou bien avec deux plaques roulantes et une plaque fixe, et aussi avec une plaque fixe ou deux, à toutes les dimensions voulues, et cet appareil convient aussi bien aux boulangeries ordinaires qu'aux grandes manutentions.

Four Dathis (*fig.* 142). — Ce four se compose de trois parties :

1° La partie inférieure formant socle et comprenant le foyer et la cheminée ;

2° Le four proprement dit ;

3° Le couvercle avec son mécanisme d'enlevage.

1° La partie inférieure est portée par 4 pieds en fer pour les fours dont le diamètre ne dépasse pas 1 mètre, et par 4 colonnes en fonte pour ceux au-dessus de cette dimension.

Cette partie est formée d'un fond circulaire en plaques réfractaires disposées sur une plaque de tôle. Ce fond porte une bordure cylindrique à double paroi composée de plaques réfractaires et de plaques céramiques assemblées par un fer cornière, ou des plaques réfractaires entourées d'une enveloppe de tôle ou encore de deux enveloppes métalliques renfermant une couche d'un isolant quelconque : sable, amiante, etc.

Le foyer se trouve en avant du centre de ce fond circulaire et au-dessous de lui ; il se compose d'un autel, d'une voûte réfractaire avec *carneaux* latéraux et d'une grille ordinaire, horizontale avec cendrier.

2° Le four proprement dit vient s'appliquer sur

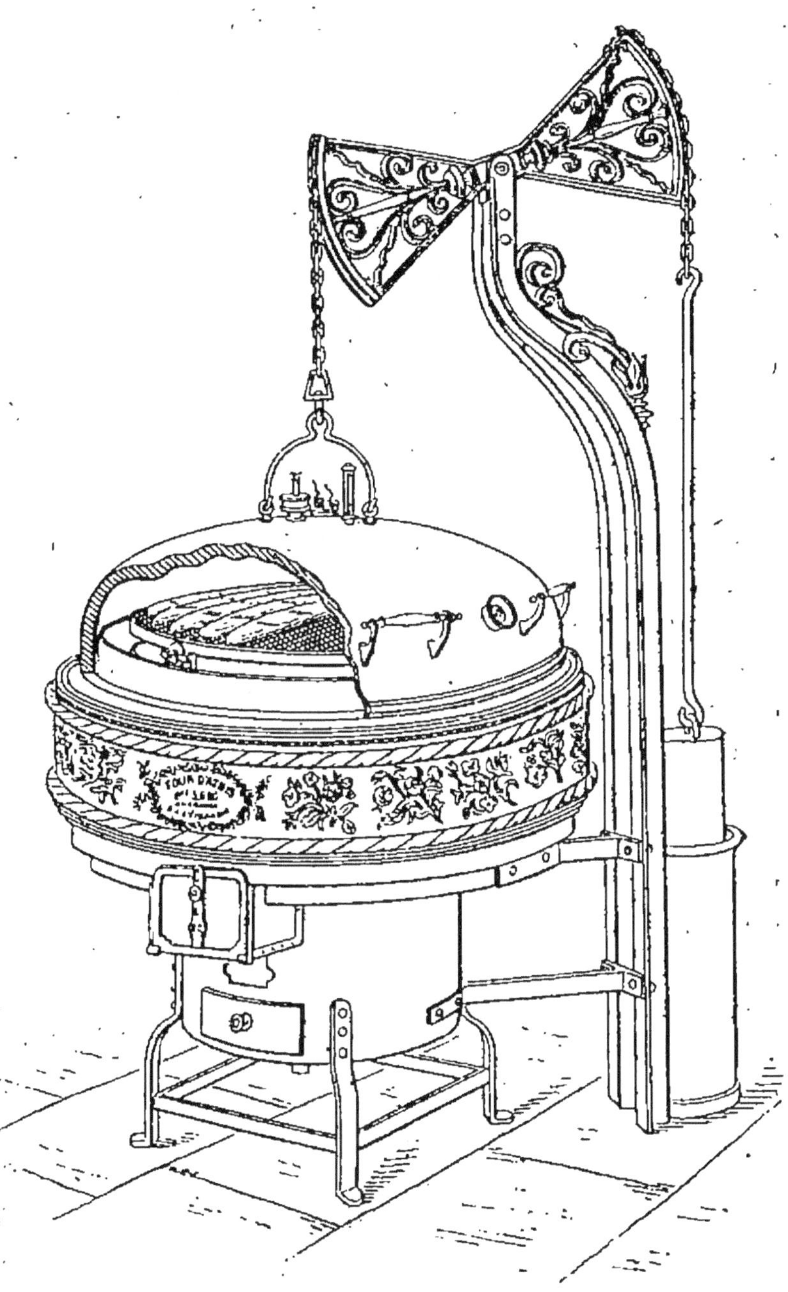

Fig. 142. — Four Dathis. (Élévation).

cette partie inférieure ; il est formé par un cylindre en tôle fermé à la base par une lentille métallique. Sous cette lentille vient s'installer un volant de chaleur formé par un *coup de feu* convexe en terre réfractaire qui reçoit directement, à $0^m,02$, la chaleur du foyer. La disposition du foyer est telle que la flamme est obligée de former une double couronne embrassant toute la surface du coup de feu.

Les gaz chauds s'échappent par la cheminée en suivant un conduit spécial.

Au-dessus de la lentille métallique, est disposé un diaphragme creux, ouvert en son milieu et destiné à répartir la chaleur dans toute la masse du four.

Un godet muni d'un tuyau permet d'introduire de l'eau dans une cuvette en tôle, placée sur trois pieds reposant sur la lentille métallique du fond du four.

Au-dessous du diaphragme est établi le plateau supérieur formé d'une tôle concave et d'une tôle plane renfermant entre elles une couche d'air ayant pour but d'égaliser la chaleur sur toute la surface de la paroi et d'opposer au passage de cette chaleur une résistance plus ou moins forte selon que l'espace entre les deux parties est plus ou moins grand. Cet arrangement permet d'établir l'équilibre entre la chaleur directe et la chaleur réverbérée.

Au-dessus de la paroi plane vient se placer une claie métallique destinée à recevoir les pains. Cette claie repose sur des galets fixés à la tôle.

L'emploi de cette claie permet de faire l'enfournement et le défournement en une seule fois; elle permet aussi à la buée d'atteindre le dessous du pain, et, enfin, elle supprime le fleurage.

Le pain, étant isolé de la sole du four, ne se souille pas des impuretés qui peuvent rester lorsqu'elle est nettoyée d'une manière imparfaite.

3° Le couvercle en tôle a la forme d'une calotte ellipsoïdale aplatie; il est muni de poignées et garni sur toute sa surface extérieure d'une enveloppe isolante. Il a pour effet de réfléchir la chaleur sur toute la surface extérieure des pains. Ce couvercle se soulève et s'abaisse au moyen d'un balancier à contre-poids équilibré par une colonne.

Des regards en verre sont établis sur le couvercle pour surveiller la cuisson du pain.

On peut aussi y poser une lampe électrique pour éclairer l'intérieur du four. Un thermomètre y est fixé.

Pour les petits fours, la manœuvre de la claie se fait à la main. Pour les autres, on emploie une table tournante sur laquelle se place la claie, tenue au centre à l'aide d'un crochet. Après que tous les pains ont été disposés sur la claie, celle-ci est amenée dans le four au moyen d'un appareil d'enlevage à charnières terminé par un anneau qui l'accroche. Le défournement a lieu de même façon.

Fours chauffés au gaz (système *Ch. André et Cie*) (*fig.* 143, 144). -- MM. Ch. André et Cie estiment que l'emploi du gaz au chauffage des fours peut procurer des avantages économiques et améliorer la situation du personnel qui est obligé de supporter des températures très élevées et de travailler presque nu.

Dans l'appareil à circulation extérieure des gaz,

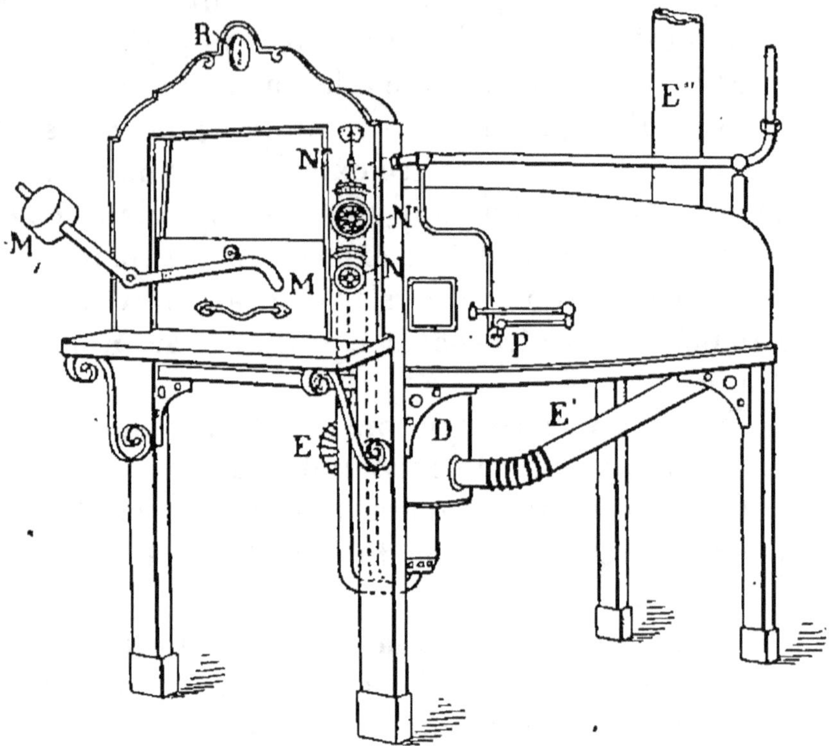

Fig. 143. — Four Ch. André.

le four proprement dit A, qui a de préférence la forme ronde, est pourvu de deux enveloppes : l'une B est ouverte à sa partie supérieure et entourée à une certaine distance par l'autre C, qui consiste en deux parois parallèles, ménageant entre elles un espace rempli d'une matière isolante, coton minéral, amiante, etc., en vue d'éviter la déperdition de la chaleur par rayonnement.

5.

L'enveloppe intérieure B est prolongée au-dessous du four, de façon à constituer une gaine occupée en partie par un brûleur à gaz disposé concentriquement et servant au chauffage du four ; à son tour, le prolongement de l'enveloppe extérieure C forme autour de cette gaine une chambre close D portant deux buses diamétralement opposées EE (*fig.* 144).

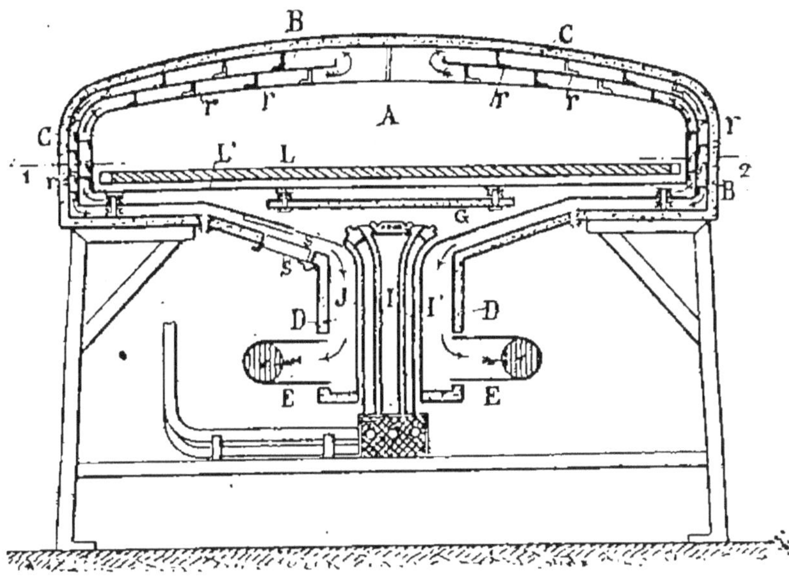

Fig. 144. — Coupe transversale.

Ces deux buses débouchent à l'arrière dans un tuyau transversal E' du milieu duquel part la cheminée E″ (*fig.* 143) ; dans la boîte e fermée à la base de cette dernière, on a établi un bec de gaz desservi par la porte e' (*fig.* 146) et déterminant un tirage préalable qui provoque l'évacuation de l'air froid contenu dans les enveloppes du four et facilite l'allumage du brûleur.

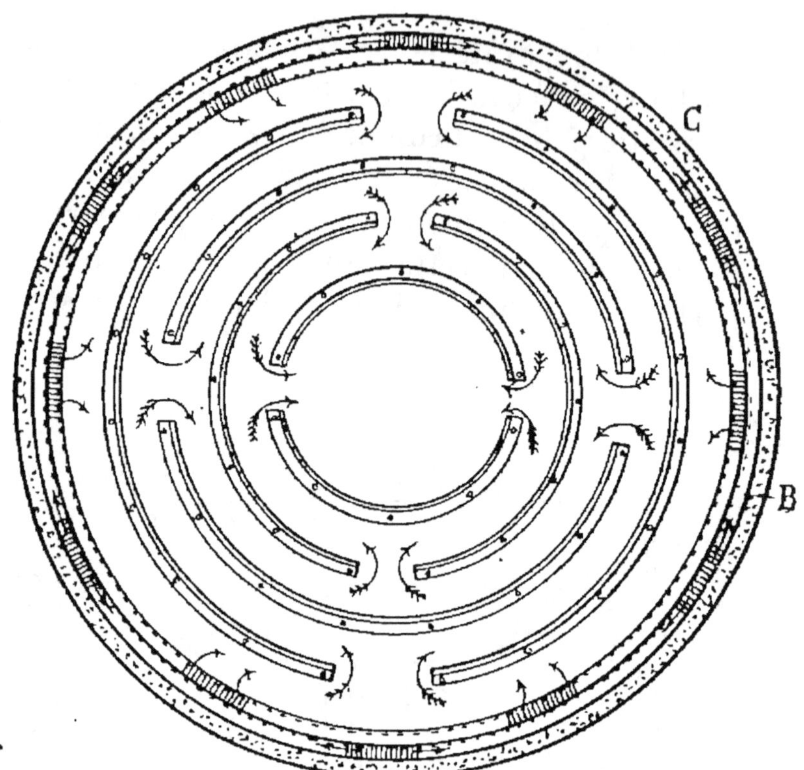

Fig. 145. — Plan.

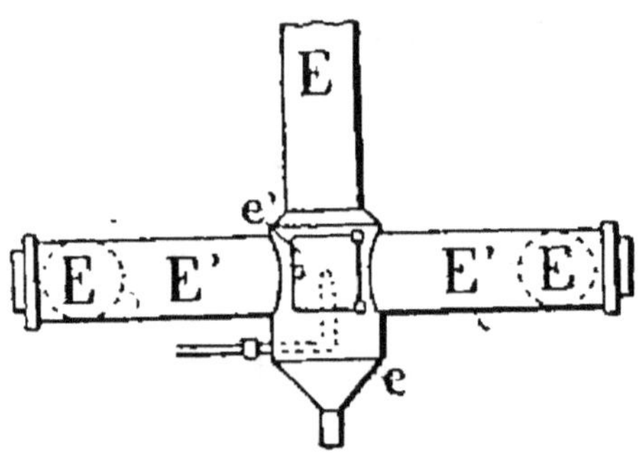

Fig. 146. — Boîte au bec Dupleix

Afin que les produits de la combustion cèdent
au four la plus grande partie de leur chaleur et
que leur utilisation se rapproche du maximum

possible, on a disposé des chicanes alternées en quinconce *rr* tant entre le four et l'enveloppe intérieure B qu'entre celle-ci et l'enveloppe extérieure C ; aucune partie du pourtour de ces dernières n'est exempte de ces chicanes, pas même la porte de chargement.

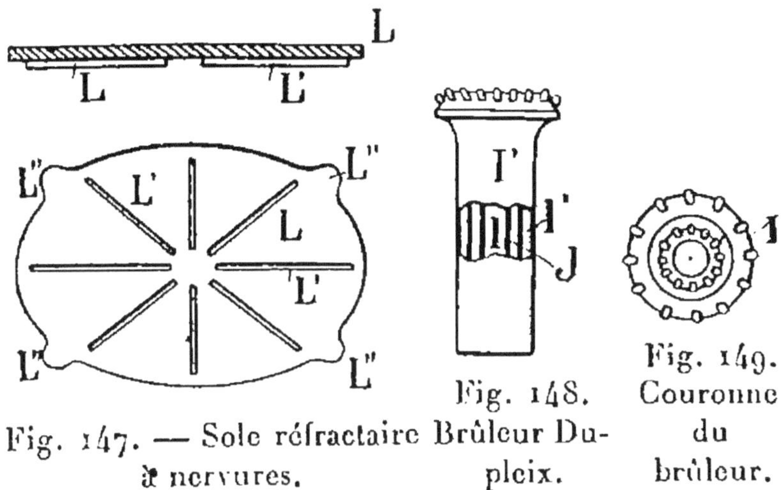

Fig. 147. — Sole réfractaire à nervures.

Fig. 148. — Brûleur Dupleix.

Fig. 149. Couronne du brûleur.

De cette manière, les gaz chauds émis par le brûleur suivent des parcours en zigzag, dans la direction indiquée par les flèches (*fig.* 144 et 145) et abandonnent leur chaleur, en circulant ascensionnellement d'abord entre les chicanes du four et de l'enveloppe B, puis descensionnellement entre celles qui sont interposées entre les deux enveloppes.

Après avoir accompli ce double parcours et s'y être dépouillés de presque tout leur calorique, les gaz débouchent dans la chambre D qui entoure la gaine du brûleur et s'échappent dans les buses opposées E dans la cheminée E''.

Pour éviter le coup de feu que tendrait à produire le contact direct des gaz chauds au droit du foyer, on a interposé entre ce dernier et le four, à une faible distance de son fond, un écran formé de deux disques G dont l'intervalle est rempli d'une matière isolante ; en outre, sur ce fond, mais à l'intérieur du four, repose une sole en substance réfractaire L (*fig.* 147) portant en dessous des nervures L′ qui assurent une bonne répartition de la chaleur et la cuisson régulière des pains et pâtes quelconques qui y sont disposés.

On règle la marche du brûleur et on en surveille le fonctionnement par la porte à rabattement *s* et la porte à coulisse *s′* ménagées respectivement à la partie inférieure des enveloppes B et C ; elles permettent aussi de procéder à l'allumage au moyen d'une veilleuse placée à leur proximité.

Le foyer représenté isolément figures 148 et 149 est constitué par deux brûleurs ; l'unique tube central l de l'un et les deux tubes concentriques l′ de l'autre sont épanouis à leur sommet de façon à recevoir chacun une couronne de fermeture, portant des jets dirigés suivant une même obliquité. On peut naturellement augmenter le nombre des couronnes concentriques à jet, de façon à proportionner la puissance du foyer à la grandeur du four : mais il faut avoir soin de séparer chacune d'elles de ses voisines immédiates, par un espace annulaire, régnant sur toute la hauteur des corps tubulaires et servant à établir un courant d'air.

A leurs sommets et à leurs bases, ces brûleurs sont pourvus d'une toile métallique ; celle du haut a pour objet d'empêcher un retour des gaz et l'inflammation de l'injecteur, celle du bas d'éviter que l'air extérieur donne naissance à un courant trop rapide susceptible de troubler l'entraînement rationnel.

L'ensemble du four est porté par les pieds d'un bâti en fonte ou par des cloisons en briques. On voit en M, dans la figure 143, la porte de chargement dont la manœuvre est rendue légère par le levier à contre-poids M'. L'alimentation des brûleurs I et I' est réglée respectivement par les volants des robinets d'admission N et N' placés en façade, à côté du cadran R d'un pyromètre qui indique continuellement la température du four et au-dessous de la poignée N'' d'un robinet qui dessert la veilleuse. Au chargement et au déchargement du four, on en éclaire l'intérieur au moyen du bec de gaz à genouillère P.

Four de Manchester.

Ce four est une des dispositions les plus avantageuses qu'on ait imaginées dans les appareils de cette classe ; on le trouve usité surtout à Manchester et à Birmingham. Nous l'avons fait représenter dans les figures 150 à 152. La figure 150 en est une vue par devant. La figure 151, une coupe verticale sur la largeur, et la figure 151, une section horizontale au-dessus de la sole.

L'âtre, qui est rectangulaire, a 2^m,60 de largeur sur 3^m,50 de longueur. La porte b sert à l'enfournement, et sous cette porte se trouvent placées la porte de foyer c et celle du cendrier d. La grille c est disposée à 0^m,45 au-dessous de l'âtre et les pro-

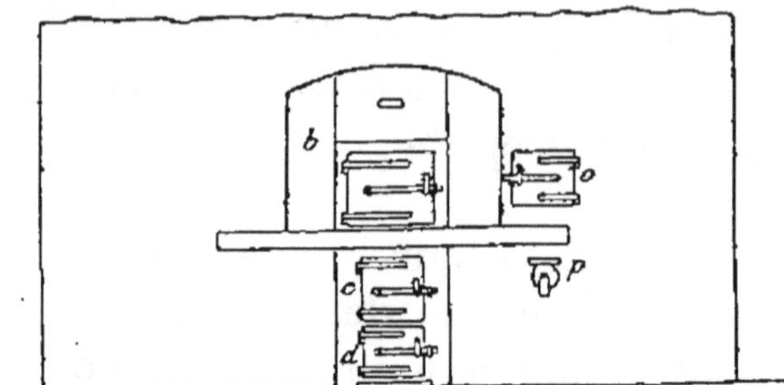

Fig. 150. — Four Manchester. (Elévation).

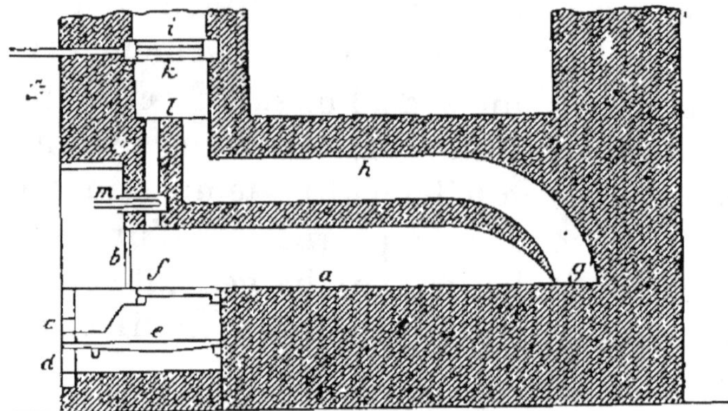

Fig. 151. — Coupe longitudinale.

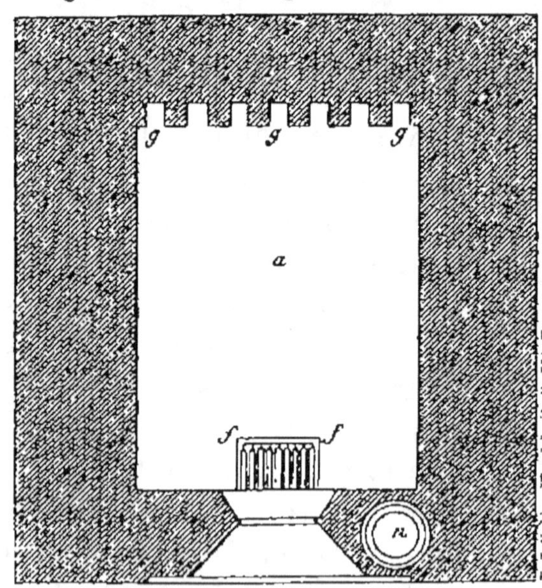

Fig. 152. — Plan.

duits de la combustion arrivent dans le four par l'ouverture f (laquelle, après que le four a été chauffé, est recouverte d'une plaque en fer), circulent dans la capacité, puis sont conduits par cinq orifices g dans les carneaux h qui règnent au-dessus de la voûte pour s'échapper enfin par la cheminée i qu'on peut fermer avec le registre k ; l est un autre canal qu'on peut fermer avec le registre m et par lequel s'écoule la vapeur d'eau, n une chaudière à vapeur, o une porte au niveau de sa partie supérieure et p un robinet sur le tuyau qui part de cette chaudière. Cette construction présente cet avantage qu'on met à profit une partie de la chaleur des carneaux qui évacuent la fumée.

Fours anglais.

a. Brander a imaginé de placer un foyer construit dans la maçonnerie du four avec lequel il communique ; la flamme était alors obligée de lécher toutes les parois avant de passer dans la cheminée située à l'opposé du foyer ; sous le cendrier étaient placés des registres qui règlent la combustion et par suite la température du four. Celui-ci n'ayant pas de porte, pour charger le combustible on est obligé d'ouvrir chaque fois la bouche du four, ce qui, en salissant la sole, l'empêche de se maintenir à une température toujours égale.

b. Les fours établis à *Deptfort*, à *Plymouth* et à *Portsmouth*, étaient construits sur le principe de Brander ; seulement l'âtre était elliptique, et la porte du foyer placée à côté de celle du four, ce qui les mettait toutes deux à la portée de la personne chargée de les conduire. Cette disposition était plus commode pour le chauffage, pendant lequel le four était constamment fermé. Une cheminée disposée au milieu de l'appareil laissait échapper les vapeurs qui se dégagent dans le commencement de la cuisson. L'âtre avait $4^m,27$ sur le grand axe, et $3^m,81$ sur le petit, les piédroits $0^m,45$ de hauteur, et la flèche de la voûte $0^m,55$. On pouvait y faire tenir 50 galettes hexagonales, ce qui pouvait porter sa charge à 50 kilog. Le prix du combustible employé pour cette fournée était de 41 centimes (à 3 fr. 01 c. le quintal métrique); pour 50 kilog. de biscuit, ce four consommait 13 kil. 50 de houille ou 101,250 unités de chaleur (le rendement étant de 90 kilog. de biscuit pour 100 kil. de farine), au lieu de 17,904 unités de chaleur capable de cuire cette quantité de biscuit, l'effet utile était donc de 18 % du combustible brûlé. Le biscuit anglais étant moins épais que le nôtre ne reste au four que 17 à 18 minutes, et l'on ne met que 18 minutes d'intervalle entre chaque fournée.

c. Les fours de l'hôpital de *Greenwich* sont établis sur le même principe que les précédents, avec cette seule différence que l'âtre est rectangulaire, et qu'au-dessus du foyer, un petit conduit permet de chauffer une chaudière d'eau placée dans le massif de la maçonnerie. Chaque four peut contenir 500 pains de 2 livres anglaises ou 504 kilogrammes. La première chauffe consomme 50 kil. 78 de charbon, les suivantes 28 kilogrammes; la cuisson de la première fournée s'opère en 1 heure 15 minutes, et les autres en trois quarts d'heure. L'effet utile de ces fours est de 33 % du combustible dépensé.

Four hanovrien.

Le four qui était employé à la manutention hanovrienne et servait à fabriquer tous les genres de pain, depuis le pain bis le plus commun jusqu'au pain le plus blanc et même a servi comme four de pâtissier, avait un âtre de 6 mètres de longueur sur 2^m,75 de largeur et cuisait à la fois 300 pains du poids total de 1,125 kilogrammes. Voici sa description :

Sur le devant sous la sole sont placés deux foyers d'où partent six carneaux se dirigeant en arrière, coupés de distance en distance par des languettes, afin de modérer le tirage et pour la distribution bien uniforme de la chaleur. Sur les deux carneaux latéraux s'élèvent des cavités fermées dans le haut qui par la chaleur persistante qui s'y maintient, chauffent les parois latérales du moufle. De la paroi postérieure, les six carneaux se relèvent verticalement et s'infléchissent sur la voûte en revenant sur le devant où ils débouchent dans la cheminée. Dans le tiers antérieur de leur parcours, ces carneaux sont plus remontés, de façon qu'entre eux et la voûte du four, on peut établir une chambre ouverte qui, par des conduits latéraux et verticaux, peut être mise en communication immédiate avec la chauffe, afin de donner à la portion antérieure du four

le surplus de chaleur qui ne saurait lui être trans-
mise par ces carneaux supérieurs qui en sont trop
distants. Ce transport de chaleur peut être réglé
comme il convient par un registre. De ces conduits verticaux antérieurs, la chaleur passe par
des orifices fermés par deux registres dans le four
pour lui communiquer au besoin, et quand il ne
contient pas encore de pain, une même température, mais plus promptement. De la chambre du
four partent en cinq points des tubes en fer qui
débouchent dans les carneaux supérieurs pour enlever la vapeur d'eau et qu'on peut fermer au
moyen de registres. Les foyers et les carneaux inférieurs sont voûtés et sur la voûte on a déposé
une couche d'argile de 5 à 6 centimètres d'épaisseur qu'on couvre en outre d'un lit de briques
épais de 0^m, 60. Sur la paroi latérale de la bouche
est placé l'orifice d'un carneau qui s'élève du foyer
pour s'opposer au refroidissement du four pendant l'enfournement et le défournement du four.

Four Vicars.

Le four de Vicars est basé sur le même principe
que celui proposé en 1810 par l'amiral Coffin pour
la cuisson du biscuit destiné à la marine anglaise,
four à sole sans fin que Rollet a décrit en 1847 dans
son *Mémoire sur la meunerie et la boulangerie*,
p. 438, qui a été proposé de nouveau en 1850
par M. Slater, de Carlisle, et par M. Grouvelle,
en France (Rollet p. 451). Le four a été essayé
alors, mais autant qu'il est permis d'en juger, il
avait été abandonné.

Les perfectionnements apportés par M. Vicars paraissent avoir été rationnels et pratiques, et ont mis hors de doute l'utilité de ces sortes de fours pour la fabrication du biscuit et des biscottes pour la marine, du moins si on s'en rapporte aux déclarations verbales de MM. Peek, Frean et Cie propriétaires de la grande boulangerie de Dockhead, à Londres.

La dépense de chaque four en combustible est de 125 à 150 kilogrammes pour 1.000 kilogrammes de biscottes.

Encouragé par les succès multipliés de ce four mécanique dans la fabrication des biscottes et du biscuit, M. Vicars a cherché à en faire l'application à la cuisson du pain ordinaire, application où les difficultés sont bien plus sérieuses que celles qu'on rencontre pour cuire les biscottes. La chose est facile à comprendre, si on réfléchit que la biscotte n'a guère que 2 centimètres d'épaisseur, et que la cuisson dure à peine 20 à 30 minutes, tandis que le pain ordinaire anglais a 24 à 25 centimètres d'épaisseur, et n'exige pas moins de 2 heures pour sa cuisson.

Le four mécanique occupe le rez-de-chaussée du bâtiment : ce four se compose principalement de deux tunnels ou chambres longues, qui sont chauffées par un fourneau anglais ordinaire, brûlant de la houille, et pourvues de chemins de fer, registres de tirage, portes de fermeture, pyromètre, etc., tandis que la fumée est évacuée par une cheminée.

Sur toute la longueur de la chambre à cuire

règnent des chaînes mobiles sans fin, dont les vitesses peuvent être réglées suivant les circonstances. Les pains à cuire sont amenés sur des wagons en fer, portés sur roulettes, dont les caisses creuses ont environ $1^m,83$ de longueur, $1^m,83$ à $2^m,45$ de largeur et $0^m,40$ de profondeur, et qui, en outre, peuvent être fermées par des couvercles percés d'ouvertures pour l'évacuation de la buée. Afin d'empêcher le pain de brûler en dessus, le fond de chacun de ces wagons est garni à l'extérieur de carreaux d'argile réfractaire.

Le modèle le plus grand de ces fours contient neuf de ces wagons, et chacun de ceux-ci peut contenir au moins 64 pains de froment, du poids chacun de 4 livres anglaises (1 kil. 814), ce qui, pour les neufs wagons, donne un nombre de 576 pains. Ces pains exigent au moins 2 heures pour leur cuisson ; on obtient donc par jour ou en 10 heures de travail, un nombre de pains de $5 \times 576 = 2.880$, ou un poids de 5.225 kilogrammes.

La marche du travail pendant la cuisson a lieu ainsi qu'il suit : du côté gauche du four, les wagons sont sans interruption remplis de pains tournés, puis posés sur la voie ferrée qui règne à l'intérieur du four, et chacun d'eux accroché à la chaîne sans fin qui se meut avec lenteur.

Les portes à vantail (espèces de soupapes à clapet) forment aux deux extrémités des chambres égales au moins à la longueur d'un wagon, de manière que, tant à l'entrée qu'à la sortie de chacun de ces wagons, on perd le moins possible de chaleur. Aussitôt qu'un wagon a parcouru la longueur entière du four, il est retiré de celui-ci à l'extrémité de droite, vidé, et, par un appareil de guindage hydraulique disposé convenablement, remonté dans le deuxième tunnel, disposé parallèlement à celui inférieur, où une chaîne sans fin le ramène au point où il a d'abord été chargé en tête du four ; pendant ce parcours les wagons sont chauffés par la chaleur qui rayonne du tunnel inférieur ou four proprement dit, et acquièrent ainsi une température favorable au travail qui va s'opérer de nouveau à leur intérieur. Le travail de la cuisson se poursuit ainsi sans interruption pendant toute la journée.

Four Rolland.

Le four Rolland, qui a été honoré de rapports favorables à l'Académie des sciences et à la Société d'encouragement, est un des plus remarquables qu'on ait inventés. Comme il s'est répandu rapidement dans un grand nombre de localités en France et à l'étranger, nous nous étendrons davantage à son sujet, en puisant les éléments de ce travail dans les rapports publics dont il est question ci-dessus.

Dans les appareils à cuire le pain à foyer extérieur, dit le rapporteur à la Société d'encouragement, la flamme et l'air brûlé circulent ou dans l'intérieur ou à l'extérieur du four, qu'ils échauffent régulièrement, dans ce dernier cas, d'une manière beaucoup moins irrégulière que pour les fours ordinaires : dans le premier, en faisant disparaître les inconvénients qui résultent des portions de charbons et de cendres, que des soins difficiles à attendre de la part des ouvriers peuvent seuls complètement écarter.

Soit qu'on brûle le combustible dans le four, soit qu'on introduise dans celui-ci la flamme provenant d'un foyer extérieur, c'est seulement à leur surface que la sole et la voûte se trouvent chauffées par leur contact, et, dès que le combustible est retiré ou que la flamme cesse d'être dirigée dans le four, leur température s'abaisse progressivement. Dans les fours à circulation au-dessous de la sole et au-dessus de la voûte, la température, beaucoup plus régulièrement répartie, se maintient au degré voulu, la circulation pouvant rester constante ou être modifiée à volonté pendant la cuisson du pain.

Lorsque les fours ne sont chauffés que par le combustible brûlé dans leur intérieur ou par la flamme que l'on y fait pénétrer, les diverses parties ne peuvent être élevées à une température uniforme ; aussi dans les différents *quartiers*, et à *bouche* surtout, la cuisson n'est-elle pas comparable, et le brigadier est-il obligé de changer ses pains de place, de retirer un certain nombre d'entre eux avant la masse totale, parce qu'ils atteindraient une cuisson trop forte ; d'enfourner les autres qui ne sont pas parvenus au degré de cuisson nécessaire ; dans tous les cas, l'ouverture réitérée du four y fait pénétrer une masse d'air froid qui modifie défavorablement la marche de la cuisson.

Ce dernier inconvénient a presque disparu dans les fours aérothermes ; cependant, l'ouverture entière de la porte, ou bouchoir, nécessaire pour constater l'état du feu, refroidit celui-ci d'une manière marquée.

Pour obvier à ces inconvénients, Selligue plaçait les pains sur une plaque métallique que l'on faisait pénétrer dans le four et qu'on en retirait à volonté : tous ces pains se trouvaient donc enfournés et défournés à la fois ; mais comme la sole métallique mobile, ou refroidissait trop fortement le four et cuisait mal le pain, ou s'échauffait trop fortement et déterminait la formation d'une croûte de dessous trop épaisse ou trop cuite, ce mode de travail n'a pas été adopté.

M. Sochet a établi, pour l'usage de la marine, un four ingénieux qu'il est bon de rappeler ici : la sole fixe est placée au centre d'un cylindre tournant, autour duquel circule la flamme du combustible brûlé sur une grille intérieure. Ce système paraît avoir fourni de bons résultats dans les conditions spéciales où il a été essayé, mais sur une grande échelle il présenterait des inconvénients qui se sont probablement offerts dans son application, car, à notre connaissance, il n'a jamais été utilisé sur terre.

Au lieu de rendre mobile l'enveloppe chauffée, il était plus rationnel de donner ce caractère à la sole et de la rendre susceptible de venir successivement présenter ses diverses parties *à bouche*, de manière à rendre faciles l'enfournement et le défournement qui, dans les conditions ordinaires de la boulangerie, le système de Selligue excepté, sont des opérations longues, pénibles et susceptibles de laisser au produit de grands défauts dans sa cuisson. C'est ce qui existe dans quelques fours à pâtisserie, par exemple ceux qui servent à la cuisson des *plaisirs*, et a été appliqué dans divers fours à pain, mais principalement dans un four anglais qui a été construit à Eu pour la cuisson du biscuit de mer, mais dans des conditions qui laissaient beaucoup à désirer pour la bonne confection du produit.

La sole circulaire de ce dernier, mobile sur un axe dans le but de porter successivement le pain dans les diverses parties du four, est mise en mouvement continu par une chute d'eau ; le four est chauffé directement par la flamme d'un combustible brûlé sur une grille extérieure ; cette flamme s'écoule par une cheminée convenablement disposée. La voûte est concave ; pour l'enfournement et le défournement, on arrête la sole à mesure que la partie des pâtons à charger ou du pain à retirer se présente *à bouche*. Du reste, chauffage irrégulier, obligation d'ouvrir la bouche pour constater l'état du pain, et tous les inconvénients que nous avons précédemment rappelés.

Les analogies du four de M. Rolland avec celui-ci sont de même nature que celles qu'offre son pétrin relativement à quelques autres qui l'on précédé : on en jugera par ce que nous allons dire, il sera facile de se convaincre de l'importance des dispositions adoptées par cet industriel.

Le four est à circulation extérieure susceptible

d'être régularisée par le moyen de registres, et peut, comme dans les appareils de ce genre, être chauffé avec toute espèce de combustible. La sole circulaire mobile sur un axe est métallique et recouverte de carreaux ; elle vient successivement présenter à *bouche* toutes ses parties, mais au lieu de recevoir un mouvement continu qu'il faut suspendre pour opérer l'enfournement et le défournement, c'est le brigadier lui-même qui le lui procure par le moyen d'une manivelle placée près de lui, et qui lui permet de ne faire parcourir à cette sole que de très petits espaces à chaque fois. La voûte est horizontale et détermine, par conséquent, une radiation plus égale sur tous les points : une couche épaisse de terre ou de cendres en empêche le refroidissement ; un bec de gaz éclaire l'intérieur du four ; un thermomètre en mesure la température.

L'enfournement achevé, l'ouvrier s'assure de l'état du four par l'inspection au travers d'un regard vitré pratiqué dans la maçonnerie et, quand arrive le moment de défourner, les pains sont successivement extraits, dans le sens inverse de leur introduction, par le mouvement imprimé à la sole au moyen de la manivelle dont il a été parlé. Une chaudière placée à la partie supérieure du four, échauffée par l'air brûlé et la fumée, fournit l'eau nécessaire à toutes les opérations de la boulangerie ; enfin un étouffoir fermé par une plaque très facilement mobile de haut en bas reçoit continuellement les portions de combustible qui passent à travers la grille et qui à Paris surtout,

où la braise de four est très recherchée, présentent
une chance de bénéfice d'autant plus grande pour
le boulanger, que la conservation de ce produit
est mieux assurée.

L'expérience a prouvé combien est peu satisfai-
sant le mode employé pour la marque du pain.
M. Rolland a fait servir sa sole elle-même à la déterminer, sans aucun soin de la part de l'ouvrier
et avec des effets constants, pourvu que les nu-
méros soient gravés assez profondément dans les
briques.

Pour qu'un four de boulangerie soit généralement acceptable, il doit pouvoir servir à la cuisson
de toute espèce de pâtes, quelque différence
qu'elles puissent présenter dans leur confection.
Celui de M. Rolland se prête parfaitement à la fabrication du biscuit de mer, ce qui est un objet
important.

La mode exerce une grande influence, même en
ce qui concerne le pain. Depuis un certain nombre
d'années, l'usage de celui qui est confectionné à la
façon viennoise s'est beaucoup répandu ; le four
dont nous nous occupons se prête également à ce
genre de travail, ce qui généralise son emploi.

Fabriquer de bon pain, régulier dans ses qualités, d'une propreté qui satisfasse le consommateur, en améliorant la position de l'ouvrier qu'un
travail pénible de presque tous les instants con-
damne à la privation même d'un sommeil répa-
rateur, est chose d'une grande importance. Sous
le point de vue industriel, l'économie doit aussi
entrer en grande considération. Des données qui

nous ont été fournies par M. Rolland, il résulte que, pour un sac de farine pris comme unité, la dépense en combustible est dans le rapport de plus d'un tiers de bois consommé en moins dans son four, avec une proportion beaucoup plus grande de braise conservée, et que le chauffage opéré par la houille ne porte qu'à 60 centimes environ les frais de cuisson (1).

(1) Voici sur quelles données était basée cette appréciation : D'après un mémoire, présenté à M. le Préfet de police par le syndicat de la boulangerie, les dépenses suivantes avaient lieu pour la cuisson de trois sacs de farine en six fournées, dans un four ordinaire, par jour.

Prix du bois au chantier, de 26 à 30 francs le double stère, auquel il faut ajouter $2^{fr},50$ pour le cordage et 1 franc pour le transport : en moyenne . . . . $29^{fr},50$
Le double stère de bois fournit 34 boisseaux de braise qui se vendent 40 cent. l'un . $13^{fr},60$

Pour six fournées de pain, 1/3 de voie à $29^{fr},50$ . . . . $9^{fr},83$
Dont on retire 1/3 de $13^{fr},50$ . . . . $4, 50$
Reste . . . . $5^{fr},33$

Ou, pour une fournée, 0 fr. 883 ; pour un sac de 157 kg. 500, 1 fr. 776, ou pour 100 kilogrammes 1 fr. 121, dans lequel ne figure pas le combustible nécessaire pour chauffer la chaudière.

Dans le four de M. Rolland, avec 1.000 kilogrammes de houille d'une valeur moyenne de 38 francs, on cuit soixante sacs de farine, ce qui donne pour six fournées 1 fr. 896, et pour une fournée 0 fr. 316, pour un sac

Ces données paraissent avoir été vérifiées par une expérience suffisamment étendue pour ne pas laisser de doutes sérieux ; plusieurs boulangers de Paris et des syndicats de la boulangerie de diverses villes ont traité pour la construction de son four avec M. Rolland, dont le système est aussi adopté dans des pays étrangers.

Afin de faire ressortir le mérite de son four, M. Rolland a établi une comparaison impartiale entre son appareil et celui qu'on emploie ordinairement pour cuire le pain. Cette comparaison instructive mérite que nous la reproduisions ici :

FOUR ORDINAIRE   FOUR ROLLAND .

Construction

Le four ordinaire est un simple espace ou compartiment de forme ovale, à voûte ou chapelle surbaissée. L'âtre ou la sole est la surface horizontale du four. C'est sur l'âtre que brûle le bois destiné au chauffage du four.

Sa construction est en-

Le four Rolland de forme circulaire, est chauffé à l'aide d'un foyer indépendant, qui permet d'employer toute espèce de combustible. A la sortie du foyer, la fumée circule autour de l'enceinte réservée à la cuisson du pain, à l'aide de tubes en fonte dans la

o fr. 633, et par 100 kilogrammes o fr. 402, sans avoir rien à ajouter pour le chauffage de la chaudière.

Si on chauffait avec du bois, on n'en consommerait que moitié moins que dans les fours ordinaires.

tièrement en maçonnerie, ordinairement en briques.

partie inférieure de tuyaux verticaux pratiqués dans l'épaisseur des murs, et d'un double plancher métallique qui remplace la voûte ou chapelle des anciens fours. La sole est mobile horizontalement et verticalement, et constitue une plate-forme tournante, à charpente en fer, revêtue d'un carrelage en terre cuite. Une manivelle très facile transmet au pivot de cette sole le mouvement de rotation, et amène successivement à la bouche du four, à portée de l'œil et de la main, la place que chaque pain doit occuper. La distribution de la chaleur est parfaite; un thermomètre en mesure la température, et indique, d'une manière invariable, le moment où l'on doit enfourner. Un bec de gaz ou une lampe, placé dans une embrasure latérale, lance constamment ses rayons dans l'intérieur du four. La cuisson est parfaite, régulière et continue ; chaque pain n'est exposé que pendant le même temps aux ardeurs du four, et la croûte, n'étant plus en contact avec la cendre et la braise, est toujours d'une propreté remarquable.

Chauffage et récolte de la braise

1° Après le travail de la nuit, et lorsque le four est encore ardent, les garçons boulangers avant d'aller prendre du repos, y entassent une quantité considérable de bois pour le faire sécher, et qu'ils destinent à chauffer le four la nuit suivante.

Ce travail, outre qu'il a l'inconvénient de fatiguer beaucoup l'âtre du four, a souvent encore de funestes conséquences. C'est, en effet, de là que proviennent la plupart des incendies qui se ma-

1° Suppression de ce travail.

Suppression de ce danger d'incendie.

nifestent chez les boulangers.

2° Dans le chauffage d'un four ordinaire, la flamme et les produits de la combustion sont en contact avec une masse de maçonnerie plus ou moins solide, qui peut présenter des crevasses ou des fissures : cela a l'inconvénient de produire un autre danger d'incendie.

3° Pour le chauffage, vous ne pouvez employer ici que du bois, et encore du bois d'une certaine qualité. Lorsque le bois est brûlé dans le four proprement dit, il s'agit de recueillir la braise ; or, c'est au moment où cette braise dégage la plus grande quantité de chaleur, qu'on est obligé de la ramener toute enflammée vers la bouche du four et de la recueillir dans un étouffoir.

Cette opération, outre qu'elle a l'inconvénient

2° On a vu ci-dessus que, depuis le foyer jusqu'à sa sortie par la cheminée, la flamme dans un four Rolland, est emprisonnée dans des tuyaux ou compartiments en fonte et en tôle, et que, par conséquent, il n'y a là aucun danger d'incendie.

3° Dans ce four, vous employez n'importe quel combustible : bois ordinaire, bois résineux (qu'on n'a jamais pu employer à cause de la mauvaise odeur qu'il laisse dans le four ordinaire), charbon de terre, tourbe, etc.

Si vous employez du bois, la braise se récolte toute seule au moyen d'un étouffoir à trappe mobile placé sous la grille du foyer.

On recueille la plus grande somme possible

de rôtir la figure et les mains de l'ouvrier, ne permet pas de recevoir la braise en gros fragments ; elle est en quelque sorte réduite à l'état de poussière lorsqu'elle arrive dans l'étouffoir.

4° Le chauffage de l'eau nécessaire au pétrissage exige un foyer indépendant du four.

de braise, car elle n'est pas écrasée par les opérations nécessitées dans le système ordinaire.

4° La chaudière contenant l'eau nécessaire au pétrissage est chauffée à l'aide de la chaleur perdue.

Nettoyage

5° Lorsque le four est chaud, ou du moins lorsque la routine fait supposer qu'il est chaud, il s'agit de procéder au nettoyage de l'âtre. Pour cela, on met au bout d'une perche de hideux chiffons imbibés d'eau que l'on promène successivement sur toutes les parties de l'âtre. On conçoit que cette opération, faite rapidement et trop souvent pour la forme, ne suffit pas à rendre la sole du four

5° Suppression complète de ce travail,

exempte de cendre et de charbon. Les produits qu'on en extrait plus tard en sont presque toujours un triste témoignage.

Enfournement

6° Il s'agit maintenant d'enfourner. La routine seule vous a dit que le four était suffisamment chauffé pour la cuisson du pain. L'ouvrier pose alors la pâte sur une pelle pourvue d'un très long manche, et, l'œil braqué vers le fond du four, dont la voûte et l'âtre ardents lui brûlent les yeux, il cherche la place où il pourra la déposer, sans parvenir à la défendre efficacement du contact des autres pains. Il garnit ainsi toutes les parties de l'âtre, en commençant par la plus éloignée et en finissant par la plus voisine de la bouche.

6° Dans un système ordinaire, et pendant les opérations successives de chauffage, de la récolte de la braise et du nettoyage, la bouche du four est restée constamment ouverte. Par conséquent, il y a eu une déperdition notable de calorique. Ici, au contraire, la plupart de ces opérations étant supprimées, il n'y a pas eu de perte de chaleur, et le thermomètre vous a indiqué, d'une manière précise, le moment d'enfourner.

7° Pour enfourner, on est obligé de se servir de ce qu'on appelle, en termes du métier, un *allume*, c'est-à-dire d'une petite caisse en tôle, dans laquelle on fait brûler quelques copeaux, pour éclairer toute la capacité du four, tant bien que mal.

8° Pendant que le pain reste au four, le geindre est obligé d'ouvrir fréquemment le bouchoir pour constater l'état de la cuisson. Souvent il est forcé de déplacer les pains qui cuisent irrégulièrement ; et enfin, lorsqu'il lui semble qu'ils sont suffisamment cuits, il défourne en ôtant *les premiers* les pains qui ont été mis *les derniers* au four, et ainsi de suite : de telle façon qu'il retire *les derniers* ceux qui ont été enfournés *les premiers*.

7° Dans le four Rolland, c'est un bec de gaz ou une lampe qui éclaire le four ; et comme, pour l'enfournement, il n'y a à éclairer que la partie du four qu'on a devant soi, et qui se trouve comprise entre la bouche du four et le centre de la sole, il en résulte que l'éclairage est toujours parfait.

8° Dans le système Rolland, grâce à la mobilité de la sole, que la simple pression du doigt fait mouvoir, l'enfournement est des plus faciles, car toutes les parties de la sole viennent se placer successivement sous la main et sous l'œil du *geindre*. Il n'est plus besoin d'une pelle avec un si long manche, puisqu'il ne s'agit plus que d'atteindre jusqu'à la moitié du four.

Pendant la cuisson, on peut à l'aide de la manivelle, passer la revue

C'est ainsi qu'il y a toujours, même dans les meilleures boulangeries, une grande irrégularité de cuisson ; les premiers pains retirés du four sont à peine cuits, et les derniers ôtés sont presque brûlés.

Outre cette cause d'irrégularité dans la cuisson qui tient à la manière dont se fait l'enfournement, il y a une autre cause qui tient à la construction du four lui-même. En effet, la voûte du four étant entièrement cintrée, il en résulte que les pains qui sont sur le côté sont à une moins grande distance de la voûte et que, conséquemment, le rayonnement du calorique est inégal et la cuisson irrégulière.

la plus complète de l'état du pain. Là, on ôte, à son gré, les pains *les premiers mis au four*, et qui sont *les premiers cuits*, et ainsi de suite jusqu'aux *derniers*.

Il y a donc une cause très frappante de régularité dans la cuisson.

De plus, la voûte du four étant tout à fait plane, il n'y a plus de différence dans le degré de cuisson des pains, suivant la situation qu'ils occupent dans le four.

La durée de la cuisson est la même que dans un four ordinaire.

Défournement

9° Le défournement est une opération pres-

9° Avec le four Rolland, le défournement

que, aussi difficile que l'enfournement, à cause de l'absence de clarté, de l'irrégularité de la cuisson, et des points plus ou moins éloignés qu'il s'agit d'atteindre. On est souvent obligé d'amener à la bouche du four et de manier successivement tous les pains pour s'assurer de leur état de cuisson, puis de réenfourner ceux qui ne sont pas assez cuits.

10° Dans les fours ordinaires, toutes les opérations de la dessiccation et de l'emmétrage du bois, du chauffage, de la récolte de la braise, du nettoyage de l'âtre, doivent être recommencées à chaque fournée; de sorte qu'il n'est guère possible de faire plus d'une fournée toutes les deux heures.

n'est plus qu'un jeu : en effet, on voit successivement et on atteint en quelque sorte avec la main tous les pains qui sont au four, de façon qu'on choisit, comme on l'entend, ceux qu'on veut défourner.

10° Toutes ces opérations sont ici à peu près supprimées. Il suffit seulement d'entretenir le foyer pendant le défournement, et la cuisson peut être continue. On pourrait faire, dans le même four jusqu'à vingt-quatre fournées en vingt-quatre heures.

Aspect des produits

11° Mais ce n'est pas tout; après le défourne-

11° Les pains extraits d'un four Rolland étant

ment, il reste encore ici quelque chose à faire, avant de livrer le pain à la clientèle. Pendant leur cuisson, les pains ont contracté sur l'âtre des malpropretés qu'il faut faire disparaître. Le boulanger est donc obligé de brosser un à un tous ses pains, en sorte que, pendant toute la matinée, la boutique est encombrée de cendres et de braise qui la rendent véritablement dégoûtante et portent à cette réflexion, que l'état qui exigerait plus de propreté, est réellement le plus négligé et le plus sale de tous.

aussi propres dessous que dessus, n'ayant été en contact avec aucun des résidus de la combustion, n'ont pas besoin d'être nettoyés, et ils peuvent être livrés à la consommation tels qu'ils sont sortis du four.

M. Payen a donné les chiffres suivants qui ont de l'intérêt pour l'appréciation du mérite des divers fours :

Indication des quantités et de la valeur du combustible pour cuire 133 kilog. de pain, provenant de 100 kilog. de farine, dans les fours anciens et nouveaux.

	Fours anciens	Fours Rolland	
	Au bois	Au bois	A la houille
A déduire, pour 20 kil. de bois, 0,9 de boisseau de braise à . .	$20^k = 0^{fr},80$	$16^k = 0^{fr},80$	$10^k = 0^{fr},40$
	0, 36	0, 25	
Coût net . .	$0^{fr},64$	$0^{fr},55$	$0^{fr},40$

Résumé des avantages du four Rolland. — 1° Suppression de la dessiccation du bois avant le chauffage ;

2° Emploi facultatif de toute espèce de combustible ;

3° Récolte spontanée de la braise, supprimant la fatigue de l'extraction et le rayonnement de la chaleur qui peuvent compromettre la santé des ouvriers ;

4° Économie notable dans les frais de chauffage ;

5° Suppression de plusieurs cas d'incendie ;

6° Suppression des nettoyages pénibles de l'âtre à chaque opération ;

7° Enfournement et défournement plus faciles, avec des ustensiles plus courts et plus maniables et un système d'éclairage plus convenable ;

8° Cuisson régulière, continue et très facile à diriger ;

9° Production de pains exempts de toute trace de cendre, de charbon ou de fleurage, offrant, en un mot, une très bonne qualité sous une belle apparence et avec une netteté parfaite ;

10° Chauffage de l'eau nécessaire à la préparation de la pâte au moyen de la chaleur perdue ;

11° Enfin, économie considérable dans les frais de main-d'œuvre. Cette économie est surtout applicable dans les grandes manutentions.

Description du four Rolland. — Fig. 153 et 154. — Les mêmes lettres indiquent les mêmes objets dans les deux figures.

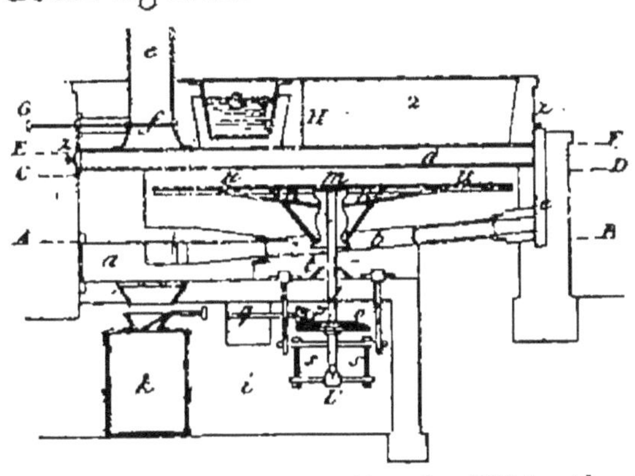

Fig. 153. — Four Rolland. (Élévation).

a Foyer en terre réfractaire pouvant recevoir un combustible quelconque.

b Tuyaux horizontaux partant du foyer et distribuant la chaleur dans les parties inférieures du four.

c Tuyaux verticaux noyés dans la maçonnerie et chauffant, par la fumée qui y circule de bas en haut, les parties latérales du four.

d Double plancher horizontal en fer et fonte remplaçant la voûte ou chapelle des anciens fours, et dans l'épaisseur duquel la fumée s'étend et séjourne avant de s'échapper.

e Cheminée principale pour l'émission de la fumée après son trajet autour du four.

f Registre placé à la base de

Fig. 154.

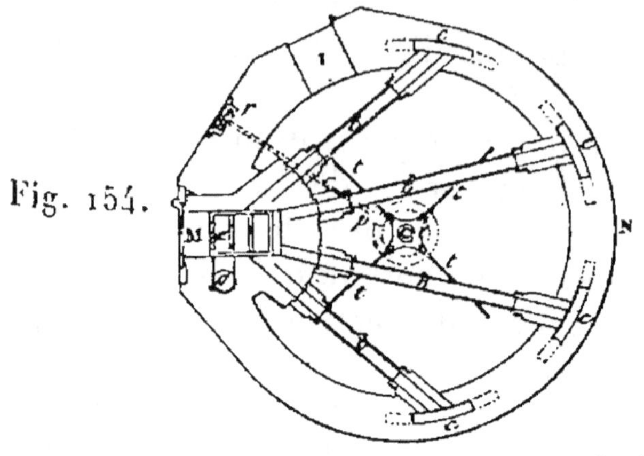

Plan.

la cheminée et réglant le tirage.

g Cheminée de décharge partant du foyer et débouchant dans la cheminée principale, une soupape est disposée dans cette cheminée.

i Galerie souterraine ou caveau servant de cendrier.

k Étouffoir muni d'une bascule et recevant la braise du four lorsqu'on brûle du bois.

l Axe vertical portant la sole mobile ; il tourne dans une crapaudine l'.

m Moyeu d'assemblage entourant cet axe.

n Charpente en fer supportant la sole mobile.

o Roue d'angle horizontale fixée sur l'arbre l l'.

p Pignon d'angle engrenant dans la roue précédente.

q Arbre de couche transmettant le mouvement à l'axe vertical.

r Caisson recevant les premiers organes du même mécanisme composés d'une manivelle et de deux pignons reliés par une chaîne à la *Vaucanson*.

s Bâti avec double boulon de rappel pour la suspension et l'ascension de la sole.

t Collier avec branches de scellement pour l'équilibre de la sole.

u Carrelage de la sole reposant sur un disque en forte tôle soutenu par la charpente en fer n.

M Bouche du four avec porte munie d'un guetteur ou œillère pour surveiller la cuisson et d'une embrasure pour loger un bec de gaz ou une lampe destinée à l'éclairage du four.

z z Tampons de ramonage, vertical et horizontal.

1 Trou d'homme pratiqué dans le massif de la maçonnerie pour la facilité des réparations.

2 Charge en terre ou cendres pour garantir le dessus du four du contact de l'air extérieur.

3 Chaudière sans foyer particulier, contenant l'eau chaude nécessaire aux diverses opérations de la boulangerie.

FOUR POUR LA FABRICATION DU PAIN DIT AÉRÉ

Nous sommes entré dans des détails sur la fabrication du pain, suivant le système de M. Dauglish, et connu sous le nom de pain aéré.

Jusqu'à présent nous n'avons fait connaître que les appareils à fabriquer la pâte pour cette nature de pain, maintenant nous donnerons la description du four en activité à la boulangerie de la compagnie du pain aéré dans Beech-Street, Barbican, à Londres.

La figure 155, présente une section longitudinale des deux extrémités de ce four, qui est construit sur une longueur proportionnelle à sa largeur, et partagé en plusieurs compartiments ou sections, chacune avec chauffe, carneaux, appareils à régulariser la température, regards munis d'un verre de chaque côté et à certaine distance entre eux, afin de pouvoir surveiller la marche des opérations, et au besoin pour introduire des porte-allumes afin d'éclairer l'intérieur de chaque section.

L'une des extrémités du four est disposée pour que les pains puissent être introduits aisément dans la chambre de réception, à la bouche du four lorsque la hotte a été relevée. Cette bouche est d'ailleurs pourvue d'une porte à coulisse organisée pour être fermée lorsque la hotte de la chambre de réception est ouverte.

Dans l'intérieur du four est une chaîne sans fin de plaques en tôle qui est périodiquement mise en mouvement d'une faible étendue, après que la hotte de la chambre à réception a été abaissée et que la porte à coulisse du four a été ouverte.

Ainsi construits, ces fours peuvent être partagés en un nombre quelconque de sections, suivant le service auquel on veut les appliquer. La disposition représentée dans la figure est celle employée à cuire des pains aérés de 2 liv. anglaises (0 kil. 907). Ce four a environ 15 mètres de long sur 3 mètres de large à l'extérieur. Il est divisé en cinq sections ; chacune ayant sa chauffe, ses carneaux et ses regards fermés par un verre. A l'extrémité postérieure de ce four, il existe un canal incliné couvert, fermé par une soupape à contrepoids qui s'ouvre lorsqu'une certaine quantité de pain descend par ce canal. A l'aide de cette disposition, le pain est périodiquement déchargé hors du four, tandis que les vapeurs à l'intérieur ne peuvent s'échapper et nuire à l'aspect ou à la qualité de ce pain, en même temps que la chaleur dans chaque section étant susceptible d'être réglée, permet à l'ouvrier de varier la température dans les différentes sections, à mesure qu'il observe de temps à autre la marche de la cuisson, et peut juger dans quelle partie du four il convient de donner cette chaleur de chapeau nécessaire pour communiquer aux pains parallélipipèdes anglais cette croûte dure et dorée qui les couronne.

Dans les pains aérés ordinaires, la pâte lève presque complètement avant l'introduction de ces pains dans le four, tandis qu'avec le pain fabriqué avec les levains, la pâte n'est entièrement

levée qu'après cette introduction. Il en est de
même, dans le nouveau mode de fabrication,
pour les pains aérés, dont la pâte s'écoule et se
moule sous pression, et où les pains sont immédiatement introduits dans le four. Il est donc à
désirer que ces pains soient soumis à une chaleur qui les frappe d'abord par-dessous, pendant

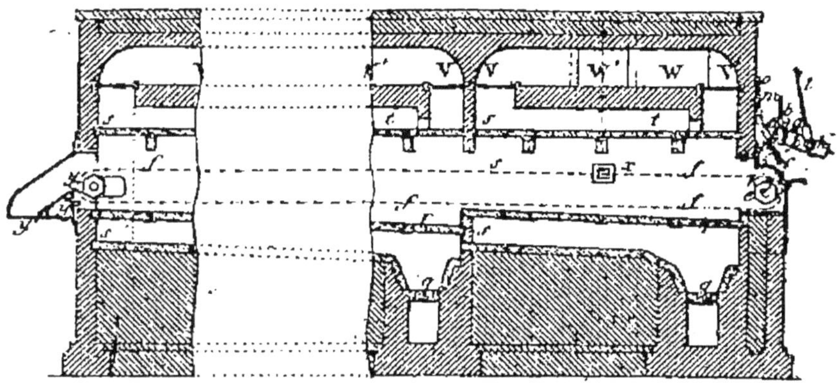

Fig. 155. — Four Dauglish.

que les parties supérieures ne sont pas encore
soumises à une chaleur qui doit produire la
croûte de chapeau, ce qui nuirait au levage.
Au moyen de fours oblongs divisés en sections,
avec faculté de pouvoir régler la chaleur dans
chaque section, l'ouvrier parvient à modifier et
régulariser l'application de la température, afin
d'obtenir plus ou moins de chaleur de tête dans
chaque section et ainsi retarder ou avancer l'époque à laquelle il formera cette croûte de chapeau, suivant qu'il le jugera convenable.

La figure 155 représente la première section
tout entière dans laquelle le pain est d'abord

reçu, et une portion de la seconde section ainsi qu'une portion de la dernière section à l'extrémité de laquelle le pain cuit est évacué par un passage ou canal incliné. Toutes les sections intermédiaires sont construites sur le modèle de la seconde section. Le mouvement périodique de la chaîne sans fin de plaques, et l'ouverture ainsi que la clôture périodique de la hotte qui recouvre la chambre à réception du four, et enfin l'ouverture et la clôture périodiques de la porte de la bouche du four, sont empruntés à un même moteur, de façon que ces mouvements s'accomplissent correctement, au moment opportun, les uns par rapport aux autres.

En jetant un coup d'œil sur le dessin qui montre la disposition adoptée, on voit que a est un axe sur lequel est calée et tourne une roue dentée droite b qui engrène dans la roue intermédiaire c, de manière à communiquer le mouvement à une roue dentée d calée sur l'arbre du cylindre e qui sert à faire circuler la chaîne sans fin de plaques f, f, qui s'étend d'une extrémité à l'autre du four, g est une dent ou un poussoir sur le levier h dont l'un des bras tourne librement sur l'arbre a. Ce poussoir, en s'engageant dans les dents de la roue b, peut lui imprimer un mouvement, et par conséquent chaque fois que le levier h est remonté, la chaîne sans fin de plaques avance d'une étendue suffisante pour faire marcher en avant le pain, qui est placé dans ce moment devant la porte à coulisse i, et le faire passer à l'intérieur de cette porte ouverte en ce moment, tandis que la hotte *j* de la chambre à réception *k* est fermée.

La bielle *l* se rattache par l'une de ses extrémités au levier *h*, et on peut faire varier sa position sur ce levier et l'y ajuster par l'entremise d'une vis *h'*, de manière à permettre au poussoir sur le levier d'engrener à une distance plus ou moins grande sur la roue *b*. L'autre extrémité de la bielle *l* reçoit un mouvement alternatif d'ascension et d'abaissement qui lui est communiqué par un excentrique ou autre organe calé sur un arbre que commande une machine à vapeur, *m* est une autre bielle qui reçoit un mouvement analogue d'ascension et de descente à des époques déterminées de la part aussi d'un excentrique ou autre organe calé sur le même arbre qui met en action la bielle *l*. Les mouvements des bielles *l* et *m* sont disposés de telle façon, que l'un de ces organes est en repos, tandis que l'autre fonctionne, et réciproquement. La bielle *m* est, à son extrémité inférieure, articulée sur le levier *n*, qui, à son autre bout, est articulé sur la tige *o* à laquelle est attachée la porte à coulisse *i* du four; *p* est une bielle articulée dans le haut sur le levier *n*, et dans le bas sur la hotte *j* de la chambre à réception. Il résulte de cette disposition que dès que cette hotte est complètement fermée, la porte à coulisse *i* de la bouche du four commence à remonter et qu'aussitôt que cette porte est entièrement abaissée ou fermée, la hotte *j* commence à son tour à s'ouvrir. Il y a néanmoins un léger intervalle entre les mouvements des bielles *l* et *m*, lorsque la porte à coulisse *i* est entièrement close et que la hotte *j* est complètement ouverte, afin de permettre que le pain qu'on veut cuire puisse être amené dans la chambre entre la porte à coulisse *i* et la hotte *j*.

q, q sont les chauffes, une pour chaque section du four. La chaleur et les produits de la combustion chauffent d'abord le fond *r, r* du four, puis s'élèvent à travers les carneaux *s, s* dans l'espace *t* au-dessus du four. A la partie supérieure de ces carneaux *s, s* sont des trappes v. Si on ferme la trappe v et qu'on ouvre celle v', tous les produits de la combustion s'élèvent dans les carneaux *s, s* et passent dans la partie supérieure du four, et de là, par l'ouverture que recouvrait la trappe v', dans le carneau w, et de là dans le passage w' qui conduit à la cheminée : mais si la trappe v' est fermée et celle v ouverte, alors les produits de la combustion passent par l'ouverture que fermait la trappe v, et de là se rendent dans la cheminée, en abandonnant moins de chaleur à la partie supérieure du four que lorsque la trappe v' était ouverte et celle v fermée.

Si les deux trappes sont ouvertes plus ou moins, une portion plus ou moins grande des produits peut être dirigée par une voie ou par l'autre, et le système de carneaux et de trappes distincts est appliqué à chacune des sections de ces fours.

C'est à l'aide de ces moyens que le mode d'application de la chaleur dans chaque section ou compartiment est entièrement sous le contrôle de l'ouvrier.

Nous allons maintenant ajouter à ce chapitre les améliorations apportées à la construction, à l'aménagement et au chauffage des fours.

En effet, depuis l'apparition de la dernière édition de ce manuel, 148 brevets d'invention ont été pris, ayant pour objet des perfectionnements très intéressants à ce genre d'appareils ; dans ce nombre nous avons choisi ceux qui nous ont paru devoir être présentés plus spécialement à l'attention de la boulangerie.

Fours proprement dits

Four spécial (*Perkins et fils*) (*fig.* 156). — Ce four est chauffé par le moyen de tuyaux en fer contenant de l'eau, dont les extrémités aboutissent dans un foyer, situé en-dehors du four même. Ils sont disposés en deux séries : l'une surmontée d'une plaque en tôle, pour constituer la sole du four, et l'autre supérieure, formant la voûte ; la hauteur entre les deux est de 2 pieds 6 pouces (o m. 75). Le foyer est muni de deux portes, et le cendrier présente quatre portes plus petites. Les tuyaux de la sole sont placés en prolongement de la grille et sont ainsi chauffés par le contact direct du combustible, tandis que ceux de la voûte, situés plus haut, sont chauffés par les flammes qui se dégagent de ce dernier.

Les tubes de fer espacés d'un pouce (o m. 025) ont 1 pouce et 5/6 de diamètre extérieur (45 millimètres) et 3/4 de pouce de diamètre intérieur

(18 millimètres). Chaque tuyau, sans aucune communication avec ses voisins, est capable de supporter une pression de 3.000 livres par pouce carré (environ 220 kilogrammes par centimètre carré) ; l'inclinaison vers le foyer est telle que

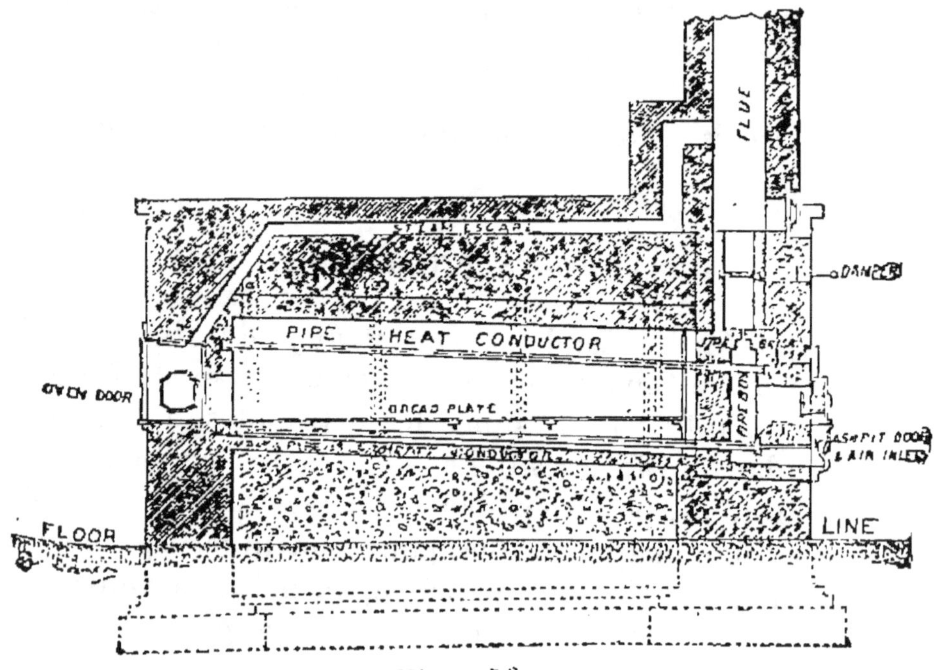

Fig. 156.

l'extrémité qui est prise dans ce dernier est constamment pleine d'eau, qui bientôt forme à la surface, vers le haut du tube, une atmosphère de vapeur dont la pression empêche la vaporisation du reste, qui n'est plus qu'un simple véhicule de chaleur. L'eau n'est jamais renouvelée, et l'on a vu des tubes qui, au bout de 14 ans d'usage étaient encore en parfait état.

Le trait le plus caractéristique de ce genre de

four gît dans l'économie de combustible, économie que M. Bailey, le Commissaire général de l'Exposition internationale d'hygiène, évalue aux 9 dixièmes de la plupart des autres systèmes.

Pour la cuisson des biscuits, qui exige une assez haute température, on peut facilement maintenir le four, aussi longtemps qu'on veut, à 600 degrés Fahrenheit (350° C.).

Devanture pour fours de boulangers et pâtissiers (*Jourdain*) (*fig.* 157). — Cette devanture

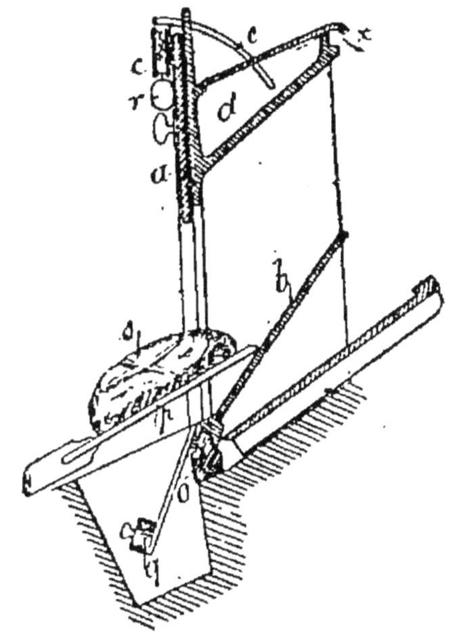

Fig. 157.

représentée coupée dans l'axe de la bouche du four comprend : Une porte coulissante ordinaire *a* équilibrée par des contrepoids *r* dont la chaîne passe sur la poulie *c*; une porte basculante *b*, os-

cillant autour du seuil *o* de la bouche, et équilibrée par un contre-poids *q* qui tend à maintenir
cette porte *b* appliquée constamment contre la
paroi interne de la bouche de façon à fermer le
four ; c'est en poussant la pelle *p* chargée du pain
s qu'on ouvre cette porte basculante qui revient
d'elle-même à sa position de fermeture lorsque la
pelle *p* sort du four. Un appareil à buée *d* formé
d'une cuvette, disposée au-dessus de la bouche,
dans laquelle on fait arriver de l'eau par un tuyau
e pour qu'elle s'échappe, en vapeur, dans le four
suivant la flèche *x*.

**Pavage mécanique pour four au charbon
fonctionnant par un contrepoids et une vis sans
fin** (*Duruble frères*) (*fig.* 158). — Ce pavage se

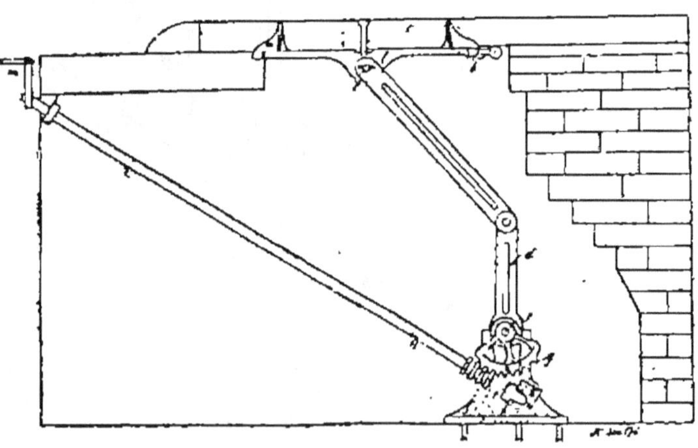

Fig. 158.

compose d'un encadrement en fonte, qui forme
double fermeture et s'oppose à la sortie de la buée,
il est scellé dans le pavage même du four ; sur le

derrière de cet encadrement se trouvent deux tourillons qui relient le pavage *c*. Ce pavage est porté par des bielles *d*, dont celle inférieure porte un secteur denté *g* articulé sur un axe *j* ; une vis sans fin engrène avec ce secteur et permet, en manœuvrant de la façade du four l'arbre *h* de la vis, de déplacer le secteur et de permettre ainsi au pavage *c* de tourner autour de ses charnières *b*, pour qu'il se dégage de l'encadrement et livrer ainsi passage au foyer mobile.

Bouchoir pour la fermeture des fours de boulangerie et de pâtisserie (*Jouy*) (*fig.* 159). — Ce

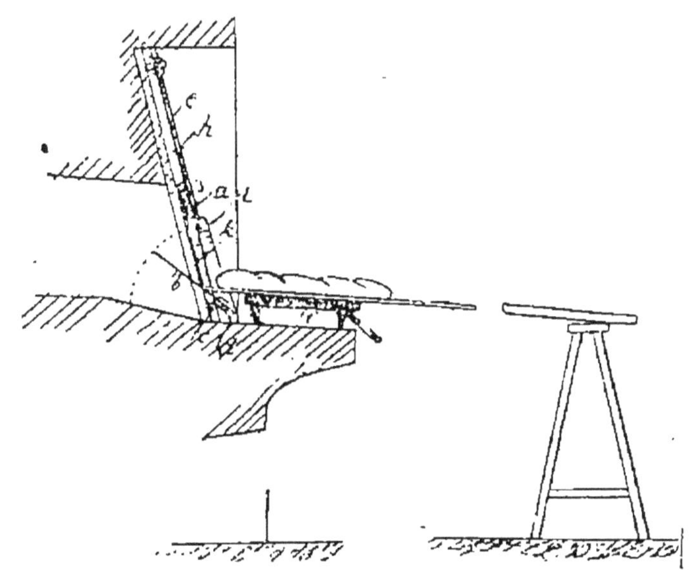

Fig. 159.

système se compose d'une plaque métallique *a* pourvue d'une ouverture à la partie inférieure suivant les dimensions nécessaires, cette plaque

porte une nervure *l* sur laquelle vient s'appliquer
le tabouret tampon *i* et une feuillure *k* dans laquelle le portillon *b* vient se loger. La plaque se
manœuvre par câble ou chaîne *e* et glisse entre
les coulisses *h*. Pour l'enfournement, le tampon *i*
étant baissé, la pelle posée sur le tabouret, l'ouvrier
n'a qu'à pousser sa pelle, le portillon *b* qui est
automatique s'ouvre de la dimension du pain et
te ainsi la perte de chaleur et de buée.

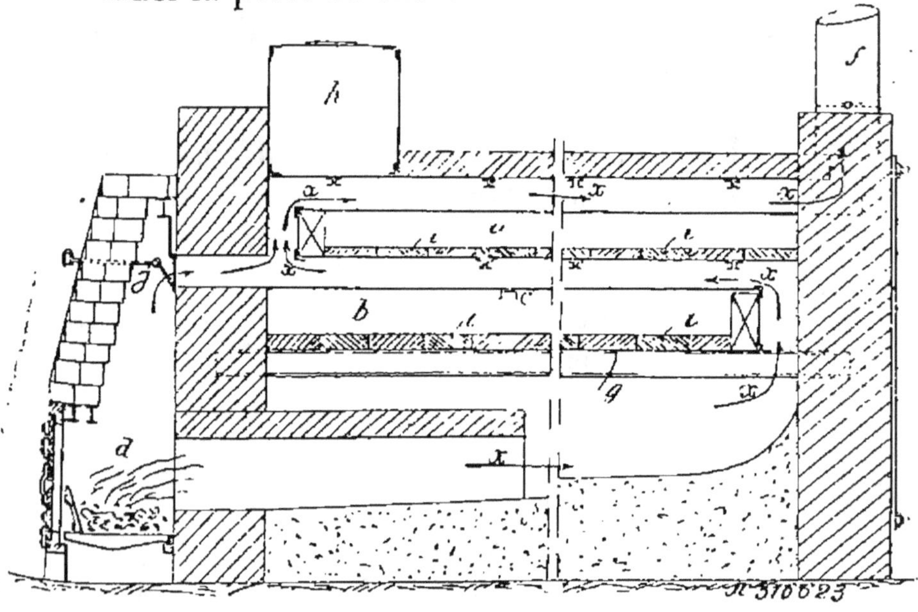

Fig. 160.

Four à feu nu (*Marquant*) (*fig.* 160). — Ce
four, dont l'enveloppe générale est en maçonnerie
ou métallique et doublée de matières réfractaires,
est double et comprend deux coffres méplats en
tôle *a b* superposés, supportés par des fers *c*. La
circulation des gaz des deux foyers en *d*, s'effectue
suivant les flèches *x*, pour sortir par la cheminée
f. Les flammes viennent contre une paroi *g*, placée

à une petite distance du coffre inférieur *b* ; *j* sont les registres et *h* un réservoir à eau chaude.

Nouvelles dispositions de registres pour fours aérothermes à feu continu (*Mangon*) (*fig.* 161).

— Dans ce système, trois registres *a*, *b*, *c* sont

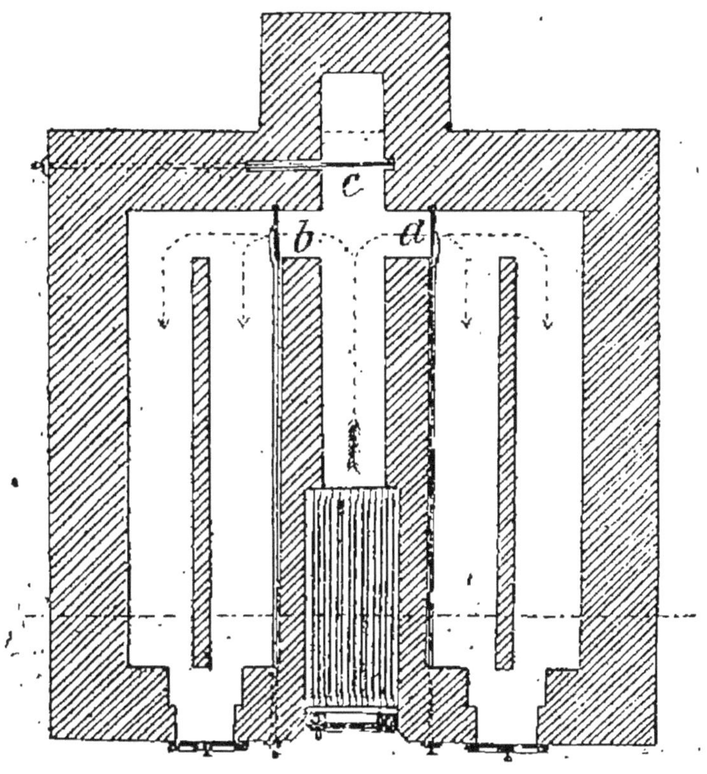

Fig. 161.

placés à l'extrémité du foyer, deux au départ des galeries à retour de flammes et le troisième *c* communiquant à une gaine spéciale adossée au four et allant rejoindre la gaine principale d'échappement. On peut ainsi varier à volonté la température sur l'une ou l'autre partie du four.

Chauffage des fours de boulangerie fixes ou mobiles au moyen des huiles minérales (*Pellorce*) (*fig.* 162). — Ce procédé consiste à porter la chambre de cuisson 5 à la température voulue par l'intermédiaire d'un bain extérieur 1 d'huile

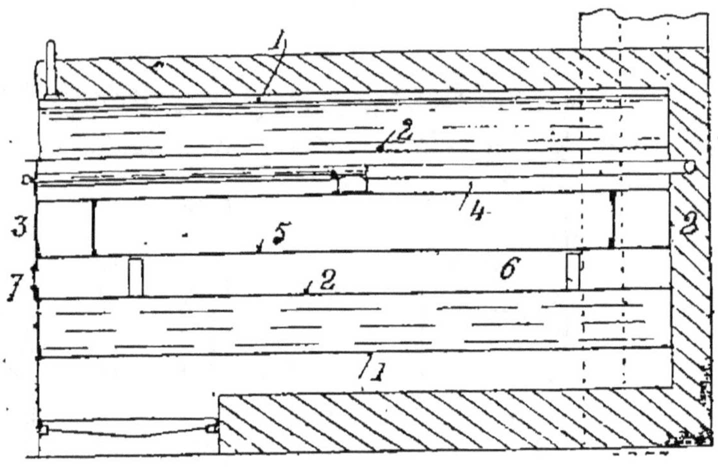

Fig. 162.

minérale entourant la caisse métallique 2 qui elle-même entoure la chambre 5 et qui sont munies entre elles d'un matelas d'air 6. Le récipient extérieur 1 communique avec l'atmosphère par des ouvertures 7 réglables.

Four pour boulangeries, biscuiteries, etc. (*Vicars*) (*fig.* 163). — Ce four à ciel plat est muni au-dessous de la sole 8 ainsi qu'au-dessus du ciel plat, de plusieurs carneaux inférieurs 4 et supérieurs 21 (percés d'ouvertures fermées par des portes amovibles pour le nettoyage) descendant dans des chambres à poussière 26, 6 situées à chaque bout du four et d'où s'élèvent d'autres carneaux communiquant avec le carneau qui va à la cheminée et munis de registres susceptibles de pouvoir être retirés dans des chambres prévues à

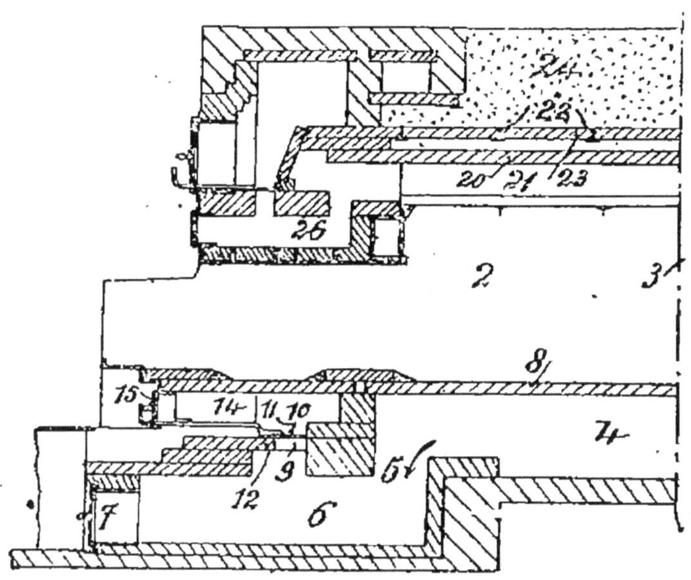

Fig. 163.

cet effet, et auxquelles des portes donnent accès ; la matière de remplissage 24 est supportée par des poutrelles à T 22 et indépendamment des couvercles des carneaux supérieurs.

Four de boulanger à chauffage indirect (*Hachler*) (*fig.* 164). — Dans cette construction, le foyer *a* est séparé du four, de sorte qu'on peut entretenir un feu constant et continuel. A côté du foyer, une couche *b* de plaques assemblées en feuillure et soutenues par des supports *c* forme un canal latéralement ouvert. Une seconde couche de plaques *g* se trouve au-dessus de ce canal ; une voûte *m* pénètre sur les deux côtés dans la couche de plaques *g*. Un espace *w* au-dessous du four peut être utilisé au séchage de marchandises. *s* est

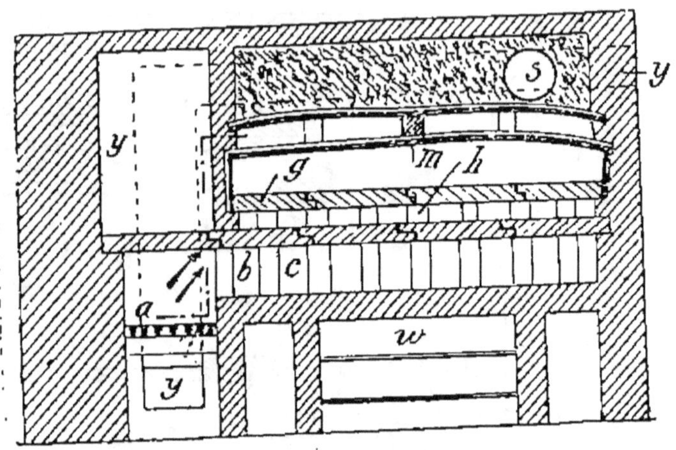

Fig. 164.

un vaisseau à eau inséré au-dessus de l'intérieur du four ; un canal *y* en communication avec l'air descend jusqu'au-dessous de la grille.

Four de boulangerie à chauffages direct et aérotherme combinés (*Pourret et Ressort*) (*fig.* 165). — Ce four est constitué par la combinaison avec un four ordinaire à foyer extérieur mobile pouvant recevoir soit un mouvement de montée et de descente, pour pénétrer dans l'ouverture 7 ménagée dans la sole du four ou s'en éloigner, soit un mouvement de déplacement longitudinal dans la capacité 4 où il est logé au moyen d'organes mécaniques, d'un dispositif de doubles carneaux communiquant les uns avec le four, les autres avec la capacité inférieure 4, où est logé le foyer 5 ; pour passer tous dans la voûte 2 du four avant de

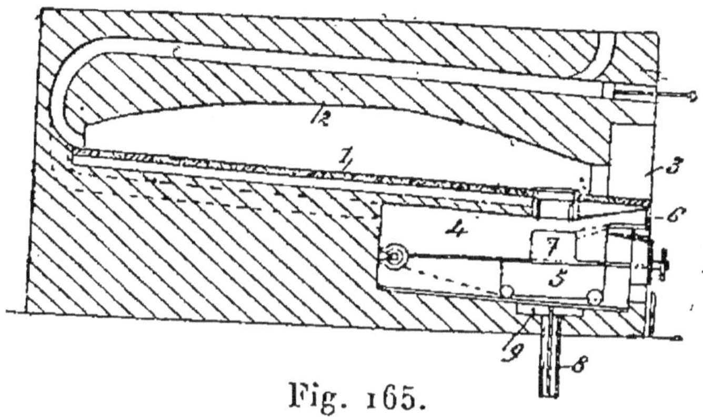

Fig. 165.

se rendre à la cheminée ; l'introduction du combustible dans la caisse 5 ou foyer étant réalisée par un tablier mobile et la porte de chargement 3.

Four continu à circulation extérieure (*Société Industrielle de Creil*) (*fig.* 166). — Ce système se compose de deux corps indépendants et superposés comprenant chacun un four, avec sole et voûte, chauffé par circulation extérieure des gaz du foyer, lesquels se dirigent d'abord vers l'arrière-four, remontent à la partie inférieure de la voûte a pour se diriger vers l'avant en suivant deux conduits latéraux qui débouchent à l'avant en n dans un conduit central qui les ramène à l'arrière et débouchent par une ouverture p dans la cheminée o à section elliptique divisée en deux compartiments communiquant respectivement par des ouvertures p avec chacun des corps de fours, lesquels sont

entourés d'une enveloppe métallique à double
paroi dont l'intervalle est rempli de matière isolante *e*. *r* registre ; *s* portes des cendriers ; *h* pyro-

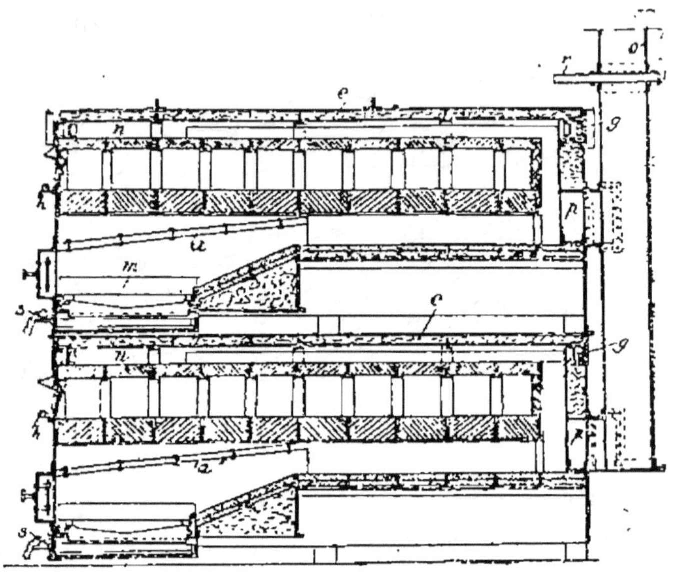

Fig. 166.

mètres de vérification de la température des fours ;
g tampon pour le nettoyage des conduits de fumée ; *m* grille.

**Four chauffé par tubes Perkins avec accumu-
lateur de chaleur** (*Kempter*) (*fig.* 167). — Ce
système de four se caractérise par la disposition
au-dessus du ventre *a*, d'un appareil où l'on ac-
cumule la chaleur émanant de tubes Perkins *c*,
spécialement disposés, à une température supérieure à celle que nécessite la cuisson. Par la partie inférieure *b* de l'accumulateur, cette chaleur
est restituée au four comme chaleur rayonnante

supérieure, mais plus douce quoique d'intensité suffisante, ce qui donne une formation lente de la croûte, et, en conséquence de ces deux faits, un

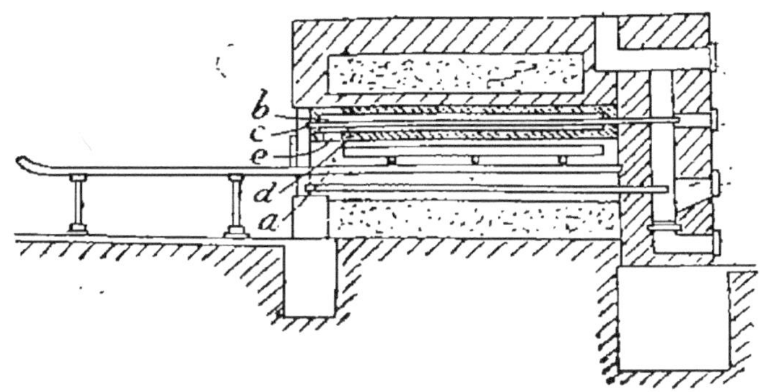

Fig. 167.

pain bien soufflé de nuance claire. L'action de l'accumulateur est favorisée par l'établissement du fond *d* tourné vers la voûte du four et construit en pierre, sable ou matières terreuses.

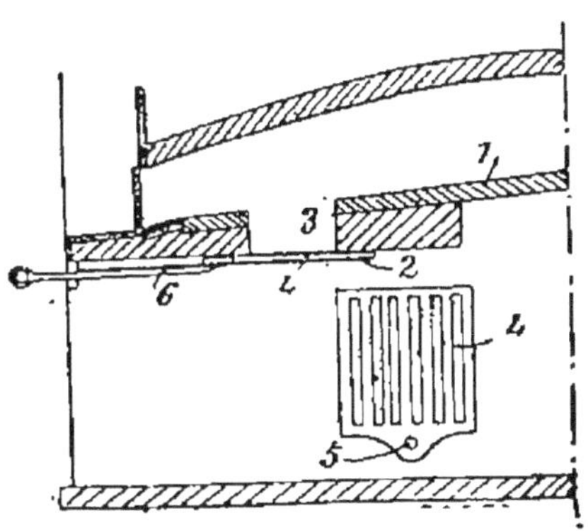

Fig. 168.

Foyer pour fours de boulangerie (*Lefort*) *fig.* 168). — Ce système consiste dans la disposition d'une grille mobile 4 qui coulisse sur des glissières latérales 2, scellées dans les parois latérales du four, au-dessous de la sole 1 et s'étendant de la devanture du four jusqu'au dessous de l'évidement 3 de la sole qui forme chambre du foyer. De cette façon la grille peut être sortie du four et remise à la façon d'un tiroir.

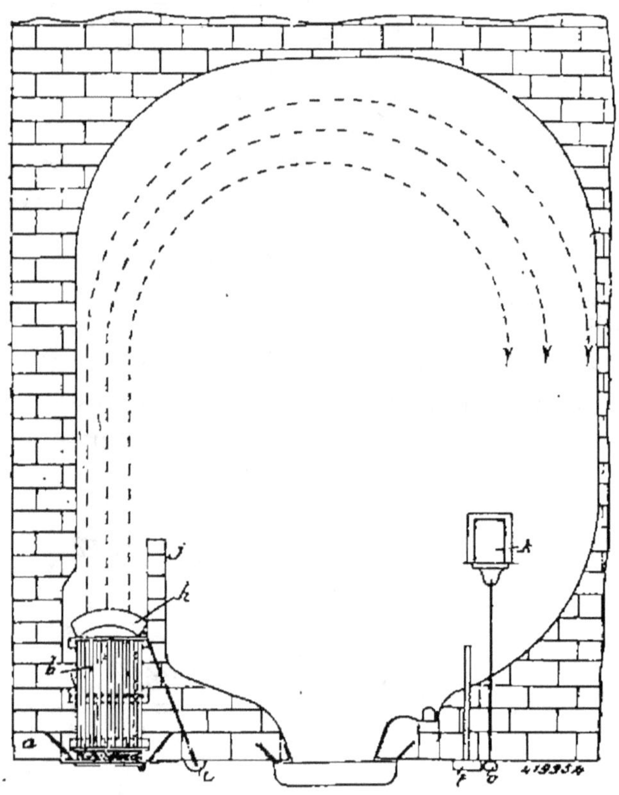

Fig. 169.

Dispositif pour chauffer au coke les fours de boulangerie (*Péler*) (*fig.* 169). — Ce dispositif consiste en un foyer rectangulaire *b* disposé au côté de la voûte, avec double cendrier pour le réglage du tirage et vaporisateur *h* en forme de croissant qui communique avec un réservoir *i* ; un registre manœuvré par un poignée *o* sert à fermer la cheminée *k* afin de concentrer la chaleur dans l'intérieur du four. La porte du four est mue au moyen d'un levier. Un pyromètre *t* fixé dans la maçonnerie permet de constater le degré de chaleur existant à l'intérieur du four.

Four de boulangerie (*Bourdeau*) (*fig.* 170). — Ce four se distingue en ce qu'il est composé d'éta-

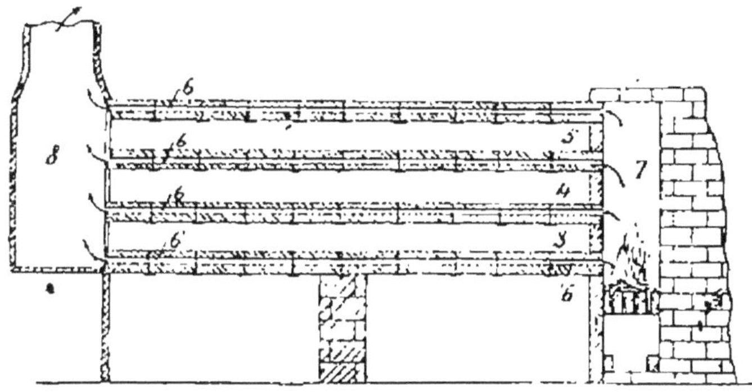

Fig. 170.

ges superposés et par la facilité avec laquelle le feu est allumé et réglé au moyen de clés disposées à chaque étage. Le corps du four comprend les surfaces planes 3, 4, 5 percées de trous 6 qui établissent un passage entre le foyer 7 et la chambre de fumée 8.

Foyer de four de boulanger (*C. P. E. Virmont*) (*fig.* 171). — L'invention comprend un foyer dans lequel le chauffage est assuré par deux foyers jumeaux *c* chauffés au bois et disposés à poste fixe dans deux bouches jumelles *b* en fonte et près du niveau de la tôle *e* ce qui permet d'utiliser tout le calorique fourni et de chauffer également toutes les parties du four sans aucune manœuvre au cours du chauffage. Après le chauffage, on retire la braise et l'on introduit dans la bouche une plaque

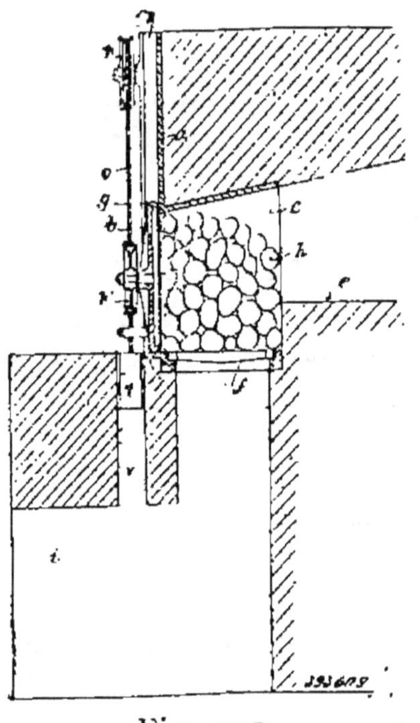

Fig. 171.

de fonte cintrée qui se raccorde avec la tôle *e* et recouvre la grille *f*; pour chauffer, on introduit dans le foyer, par la bouche correspondante, le bois *h* disposé en travers du foyer, on allume et on ferme les portes *g*. L'arrivée de l'air se fait sous la grille *f* par l'arcade *i* qui porte à cet effet une ouverture à l'aplomb de la grille *f*. Les portes *g* coulissent dans des rainures k ménagées dans le bâti a ; pour faciliter la manœuvre, chacune d'elles est munie d'un contrepoids t fixé à un câble o passant sur une première poulie folle p puis sur une seconde p' ; en tirant sur la corde le contrepoids descend dans une rainure v.

Perfectionnements aux fours de boulangerie, etc. (*Mousseau*) (*fig.* 172). — Ces perfectionne-

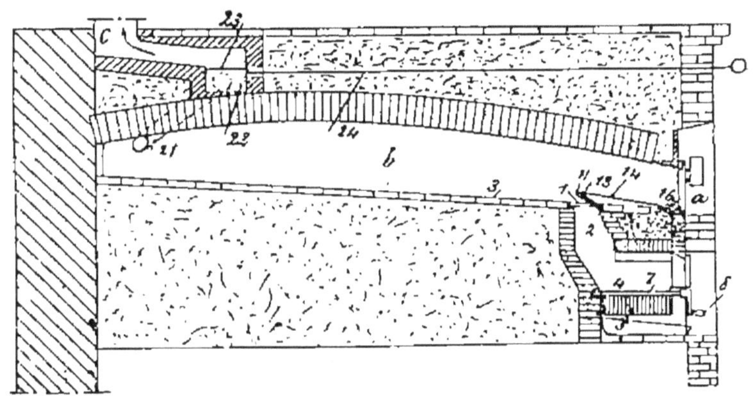

Fig. 172.

ments portent sur les dispositions suivantes : foyer 4 à grille fixe ou basculante 5 combiné avec une chambre longue et étroite 2 de répartition des flammes, dont l'ouverture 1 pour le passage des flammes est réglée par un volet projecteur 11 pourvu d'un boulon à œil 13 dans lequel s'accroche une tringle 14 arrêtée à son autre extrémité dans la plaque d'âtre 16 ; tambour rotatif creux percé de fentes, intallé au somme. de la chambre 2, servant à diriger les flammes dans les diverses parties du four ; dispositif aspirateur régulateur comprenant des ouras 21 aboutissant dans une chambre 22 et un registre 23 à fermeture étanche manœuvré de la façade du four par une tringle 24. Les parois du foyer peuvent être entourées d'autres parois laissant entre elles un espace vide dans lequel de l'air froid circule, ce qui les refroidit.

Grille mobile à bascule pour foyers fixes à charbon (*Durable*) (*fig.* 173). — Cette disposition

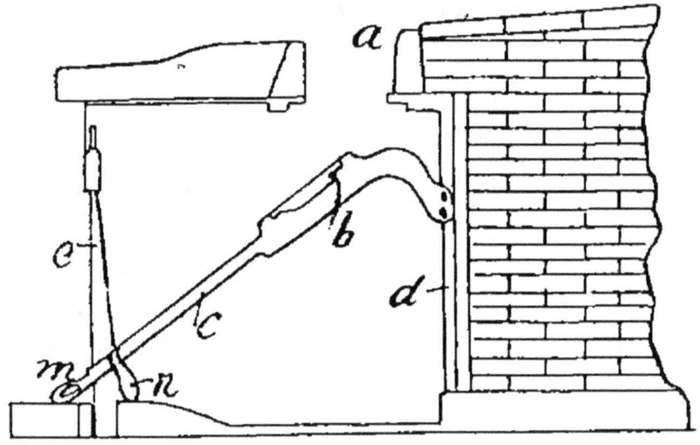

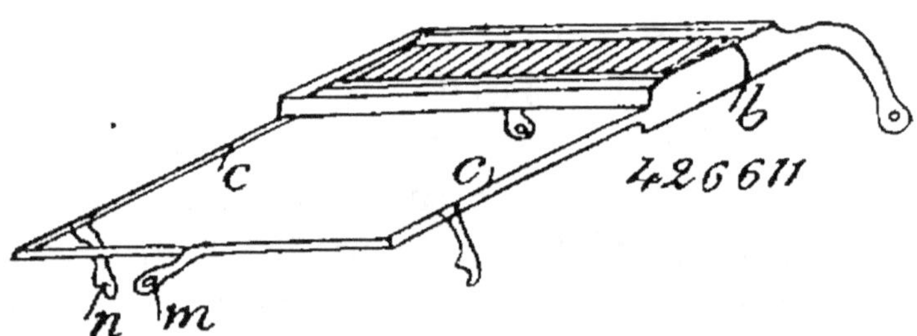

Fig. 173.

de grille comporte un encadrement rectangulaire muni d'une feuillure pour recevoir les barreaux du foyer et monté sur deux bras c reliés entre eux

8.

en façade par une traverse sur laquelle est la poignée de manœuvre *m*. Les bras *c* sont fixés à des montants *d* posés dans le fond de l'arcade et reliés à d'autres montants *e*. Il suffit d'appuyer sur la poignée *m* pour ouvrir et dégager la grille *b* complètement de dessous le foyer *a*. Des poulies combinées avec les montants *e* et un contrepoids facilitent les manœuvres de la grille.

Four pour boulangerie ou pâtisserie, à chauffage au charbon et au bois (*Léon Gerbaud*) (*fig.* 174). — Ce four est caractérisé par la disposition

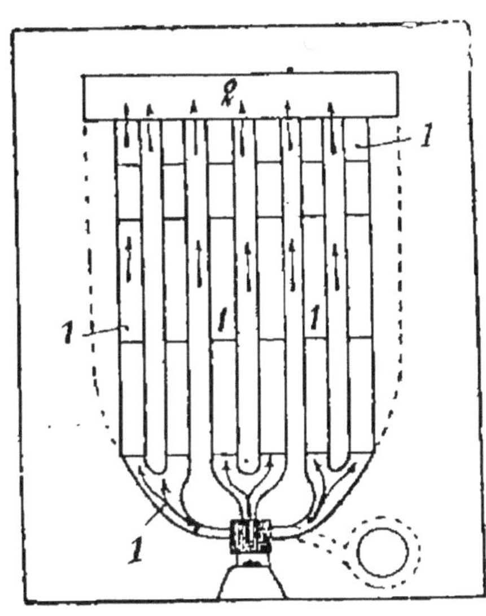

Fig. 174.

spéciale des conduits 1 des gaz chauds et l'emploi sous la sole, d'un isolant en briques creuses empêchant le ferrage et pouvant être employé pour la récupération lorsque le four marche au bois. Les gaz chauds suivent les conduits 1 ménagés sous la sole du four, puis remontent à la partie arrière en 2 pour venir lécher la voûte en parcourant d'autres conduits pour déboucher dans un collecteur.

Fours à Phares ou à Gueulards

Perfectionnements aux fours de boulangerie et autres (*Baudu*) (*fig.* 175). — Cette invention concerne un nouveau foyer pour fours de boulan-

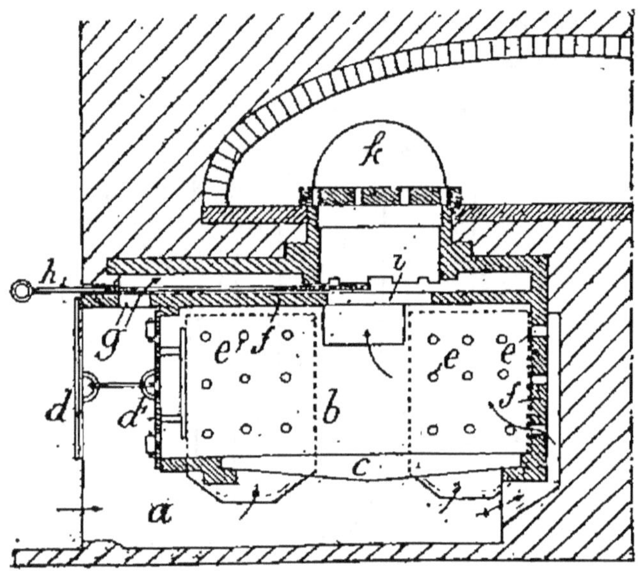

Fig. 175.

gerie caractérisé par son enveloppe d'air sur toutes ses faces avec orifices d'admission dans le fourneau donnant une combustion parfaite dans toutes les parties du foyer, les diverses prises d'air se faisant dans le cendrier *a* où l'air pénètre en passant sous la porte extérieure *d* du foyer *a*, se répand entre cette porte *d* et la porte *d'* percée de trous et par ses parois *f* percées de trous *e* sauf pour le plafond où l'entrée de l'air se fait seulement à l'endroit de la sortie des gaz chauds afin de finir de les brûler avant leur entrée dans le four où ils pénètrent par un orifice *i* et s'y répartissent par une coupole *k*. Ce foyer est muni de registres manœuvrés par une tringle *h* qui servent à ouvrir ou fermer l'orifice *i* de communication avec le four ou l'orifice *g* de communication avec la cheminée.

Nouveau système de chauffage pour fours de boulangerie, dit à « Phare mobile » (*H. Gi-*

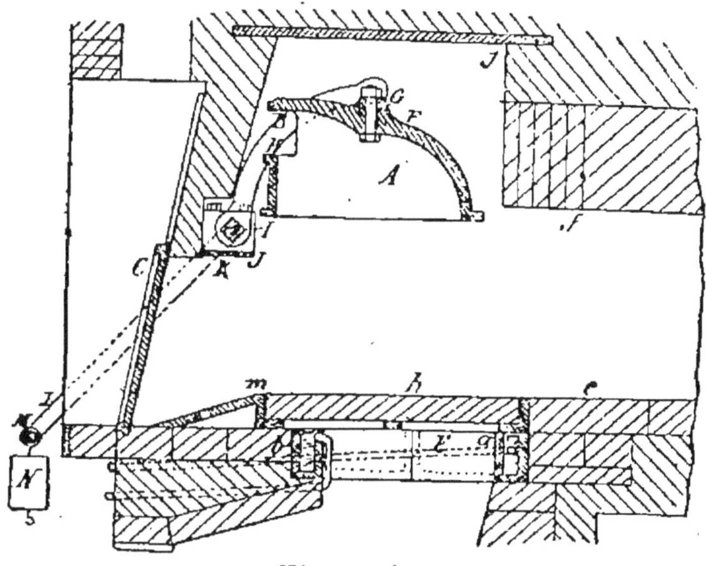

Fig. 176.

rardot) (*fig. 176*). — L'appareil consiste en un phare A en fonte, muni d'une ouverture B destinée au passage de la flamme et dont les extrémités sont légèrement rétrécies. Le phare a une forme de calotte à la partie opposée à l'ouverture B, de façon à ce que la flamme soit plus rigoureusement dirigée vers l'ouverture. Quand on veut chauffer le four on relève la porte C à l'aide d'un contre-poids, puis on tire à soi la sole mobile *h* pour découvrir la cheminée E ; cette sole mobile se compose d'un cadre en fonte *m* qui reçoit, dans ses nervures, des carreaux réfractaires ; on abaisse le phare A. qui vient reposer sur la cheminée E, il porte à sa partie supérieure un bossage en fonte F, destiné à recevoir une traverse G qui a à ses extrémités deux bras courbes II fixés à l'arbre carré I ; cet arbre est supporté par trois paliers J s'appuyant sur une solive en fer K. Un levier L actionne le mécanisme pour faire descendre et monter le phare à volonté, à cet effet on se sert d'une poignée M et d'un contre-poids réglable N. Pour chauffer on introduit une tige en fer dans des crans de la couronne inférieure du phare et on lui donne un mouvement de rotation. La cheminée E est limitée par une couronne supérieure intérieure *a* et une autre extérieure *b*, entre lesquelles on peut emmagasiner de l'eau qui sera destinée à se transformer en buée et à rafraîchir la sole *c*. Le four étant assez chaud on relève le phare, comme il est montré au dessin et il vient se loger dans un logement *j*, pratiqué en avant de la chapelle *f*, puis on pousse la sole mobile *h*.

Perfectionnements apportés dans la construction des fours pour boulangers, pâtissiers, charcutiers, etc. (*Mousseau*) (*fig.* 177). — Ces perfectionnements apportés aux fours chauffés par un foyer mobile verticalement et horizontalement, consistent dans l'application pour fermer l'ouverture du puits P au ras du carrelage S, d'un tampon en métal ou produits réfractaires *a* monté sur des galets *b* pouvant venir glisser dans un logement *d* pratiqué sous le four et supporté en place dans sa position de fermeture, ou déplacé de cette position, par les mouvements de monte et baisse imprimés à un foyer F ou à un socle *s* par une

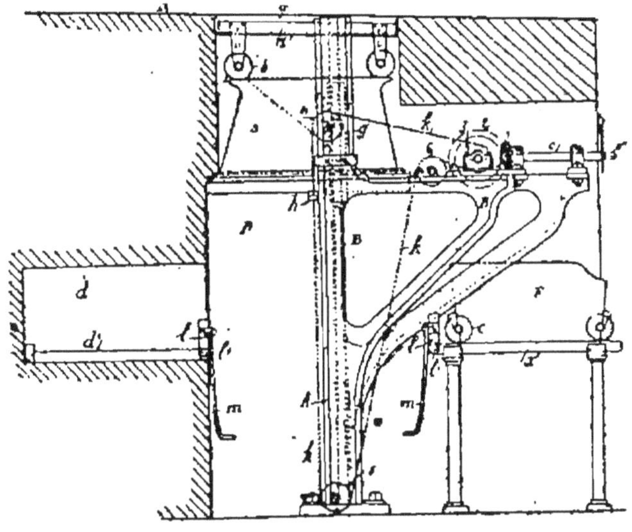

Fig. 177.

chaîne sans fin *k* passant successivement sur les roues à chaîne 3, 4, 5 et 6 lesquelles sont mises en rotation par les roues d'engrenage 2 et 1, cette dernière montée sur un arbre *o* dont l'extrémité carrée *o'* peut recevoir une manivelle. Le foyer F peut ainsi monter ou descendre verticalement entre deux bâtis B. Lorsqu'on veut chauffer le four on amène le foyer F sur les rails et on le charge puis on allume le combustible et on pousse le foyer sur le socle *s* lequel repose à ce moment sur des crochets *m* attachés sur des fers *l* tourillonnés en *l'* sur les rails et quand la partie supérieure de ce socle est au même niveau que les rails, on fait monter le socle et le foyer jusqu'au niveau du carrelage, le four étant chaud on redescend le socle et le foyer, on ramène ce dernier sur les rails et on attire sur le socle *s* le tampon de fermeture *a*, monté sur ses galets *b*, se trouvant sur des rails *d'* du logement *d*, puis on monte ce socle et le tampon de manière que celui-ci vienne boucher l'ouverture du puits P, puis on procède à l'enfournement.

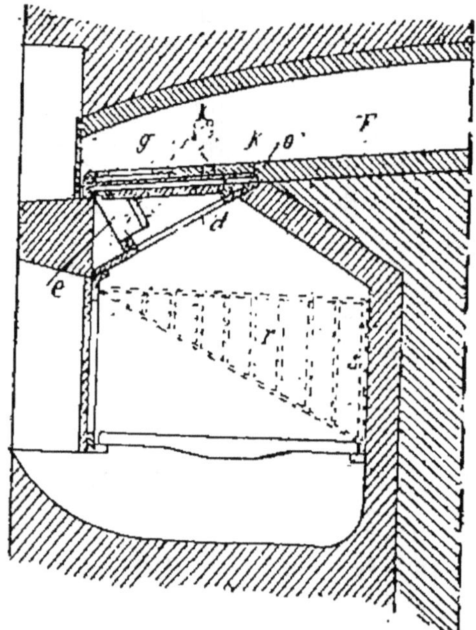

Fig. 178.

Four de boulánger (*Damerval*) (*fig.* 178). — Ce four est caractérisé par la construction de l'avant-corps du foyer, la voûte est constituée par un voussoir percé d'une ouverture centrale *d* et muni d'une nervure transversale. La cheminée *k* est tronconique suivant l'inclinaison du voussoir, elle est fermée à sa partie supérieure par un tampon amovible; *o* sont des dents formées en haut sur le pourtour du projecteur. Pour chauffer à la houille on ajoute une grille auxiliaire qui est munie à ses côtés et au fond de claires-voies *r* et *s*.

Foyer pour fours de boulangers (*Jouanny*)

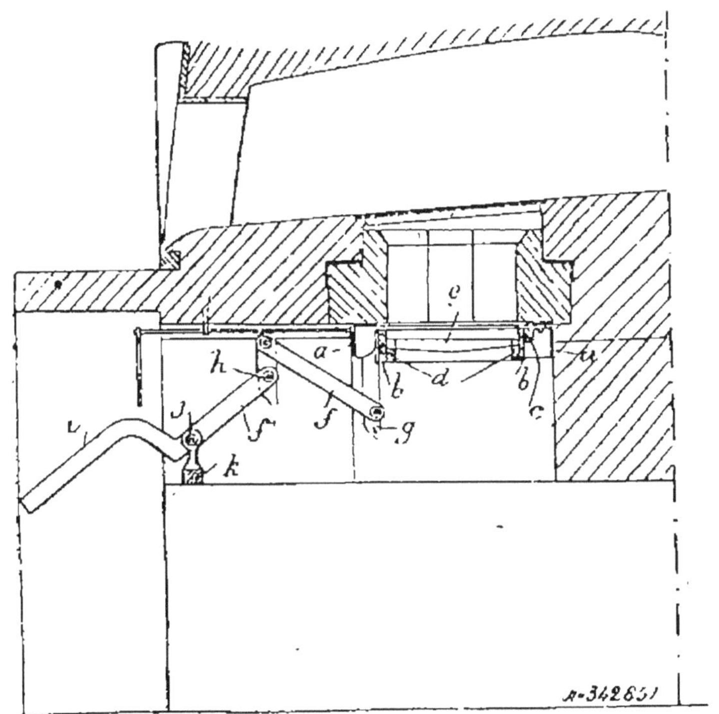

Fig. 179.

(*fig.* 179). — Ce système est constitué par un châssis *a* formé de cornières, dans l'intérieur duquel se trouve un cadre *b* articulé sur des tourillons *c* et pourvu d'un sommier *d* sur lequel reposent les barreaux de grille *e*. Du côté opposé aux articulations se trouve le dispositif de manœuvre de la grille, consistant en deux bielles *ff'* reliées d'un bout, en *g*, à la grille et, en *h*, à un levier *i* articulé en *j* sur un support *k*, de façon à faire basculer la grille en le relevant et à la remettre en place en l'abaissant.

Mécanisme de commande pour grilles mobiles de fours de boulangerie (*Jouanny et Pointel-Noble*) (*fig.* 180). — Ce mécanisme comprend

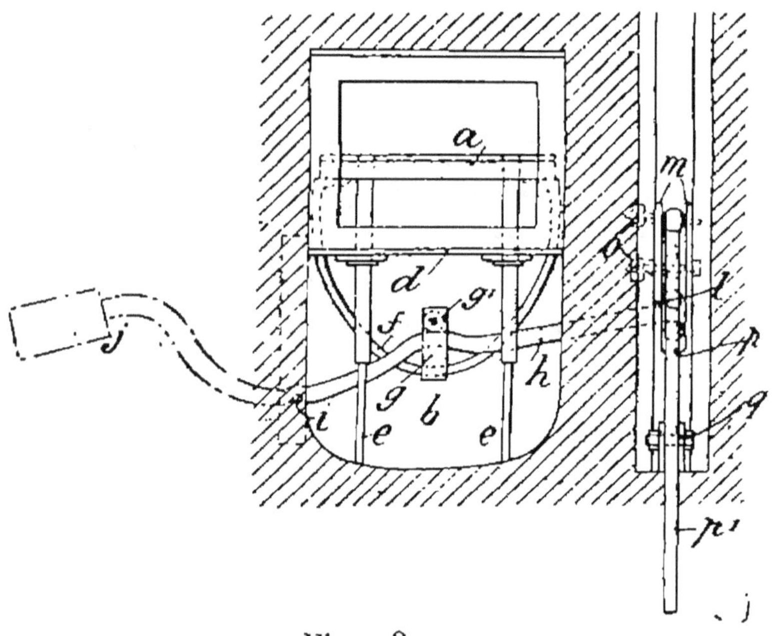

Fig. 180.

essentiellement un levier de manœuvre *p'* muni d'une branche *p* formant came engagée entre deux flasques *m* pouvant se déplacer verticalement entre deux guides ; ces flasques portent une chape *l* dans laquelle est engagée l'extrémité d'un levier *h* à contrepoids *j*. La figure montre la position occupée par les divers organes du mécanisme la grille remontée ; cette remontée est effectuée en exerçant une pesée sur le levier p^1 qui pivote en *q* et provoque le déplacement de sa branche courbe *p*, cette dernière soulève les flasques *m* dont les galets *o* roulent sur les ailes du fer à *U* en entraînant la chape *l* et le bout du levier *h* engagé dans cette chape ; ce levier bascule sous l'action du contrepoids *j* en pivotant autour de *i* et entraîne la chape *g* portée par un arceau métallique *f* fixé sous la grille *a*. Une traverse *d* reçoit la grille en bas.

Four à buse (*V. Hadancourt*) (*fig.* 181). — Ce four est caractérisé par des organes dirigeant la chaleur contre ses parois. Il se compose d'un foyer *a* avec grille *b* occupant une portion de la largeur de la chambre de cuisson *c* placée au-dessus. Des conduits obliques *d* partant du foyer, débouchent chacun dans une buse *e* de section rectangulaire évasée, de façon à diriger les gaz en nappe élargie. Ces buses, déplaçables, peuvent tourner ; à cet effet, elles sont munies latéralement de saillies *f* qui permettent d'y accrocher un outil pour les faire tourner.

L'ouverture peut être fermée par un tampon.

Dans une addition à son brevet, l'inventeur indique que la buse *a* est coudée et se termine par un papillon rectangulaire *b* fermé en haut par un volet *c* tournant autour d'un axe *d*, ce qui permet de le rabattre en arrière et de diriger les gaz vers la chapelle.

La semelle de la buse est prolongée en *e* afin d'empêcher le courant des gaz chauds de surchauffer la tôle.

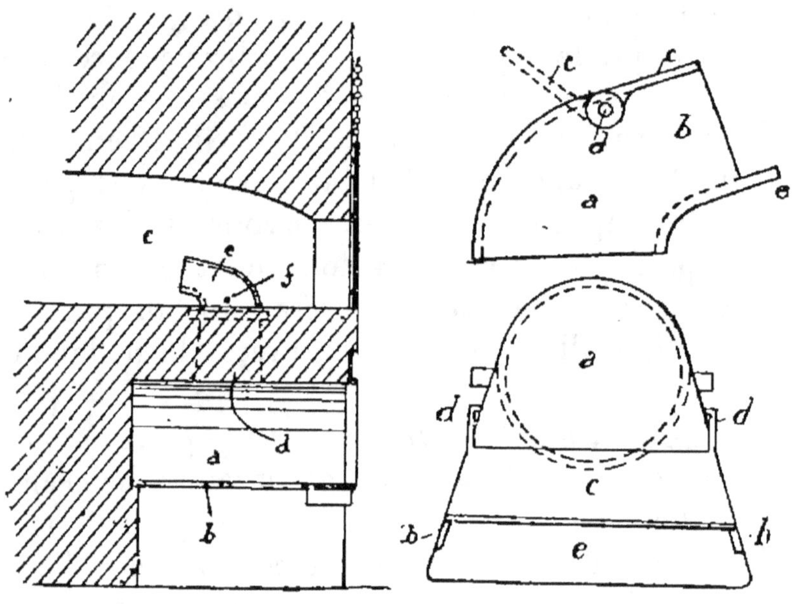

Fig. 181.

Système de chauffage à grilles basculantes pour fours de boulangers (*Texier*) (*fig.* 182). — Cette disposition consiste à disposer dans une ouverture *a* de la sole une ou deux grilles *b* juxtaposées montées sur tourillons *g* et pouvant basculer aisément en agissant de l'extérieur sur des clés *k* pour déverser le combustible dans un étouffoir monté sur des galets. Les barreaux *c* des grilles sont supportés par des cadres *d* et assemblés par un embrèvement avec l'un des côtés des cadres, les empêchant de quitter les cadres lors du basculement.

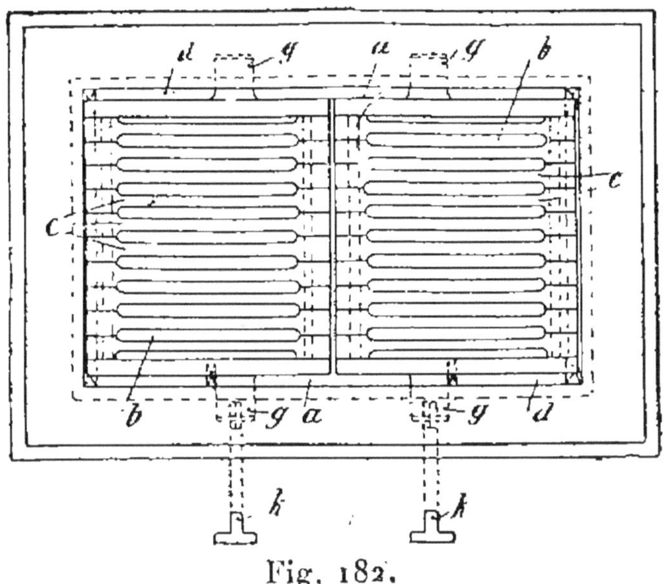

Fig. 182.

Perfectionnement aux fours de boulangerie (*Damerval*) (*fig.* 183). — Ce perfectionnement concerne l'appareil de chauffage du four ; cet appareil comporte un mécanisme pour le basculement de la grille *a*, formé d'un cadre *b* se déplaçant horizontalement et muni à sa partie arrière d'un balancier à contrepoids *k*, équilibrant le poids de la grille ; ce cadre est relié par des biellettes *g* à la grille *a* articulée en *r*, de sorte que, par la manœuvre du contrepoids *k*, la grille s'abaisse et les résidus se déversent dans le récipient *o*.

Four de boulangerie et pâtisserie (*Lefort*) (*fig.* 184). — Ce four se caractérise par la disposition d'un gueulard *c* formant réflecteur, placé à la bouche du four. Pour effectuer le chauffage de la chambre de cuisson le gueulard repose sur un

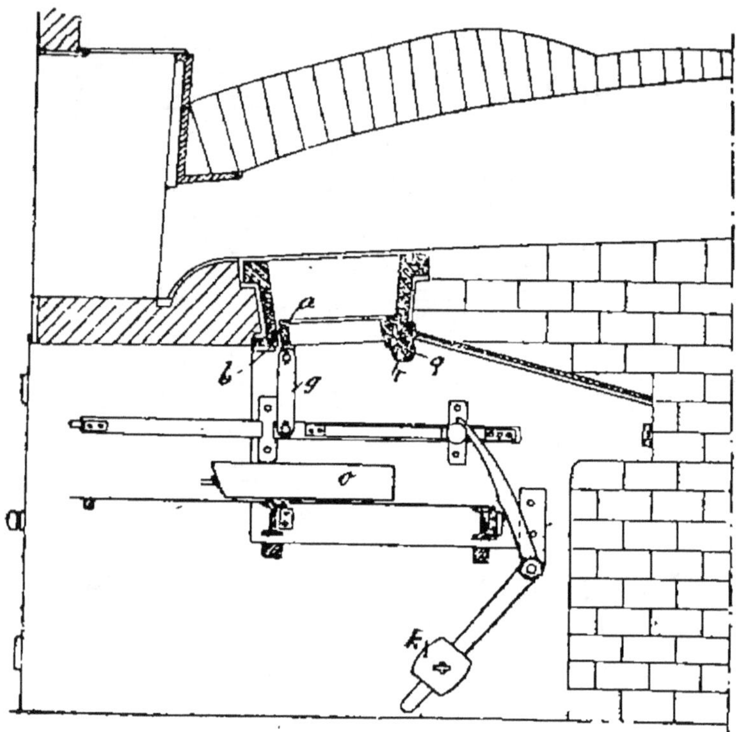

Fig. 183.

registre *d*, son orifice *l* débouchant dans le four livrant passage aux flammes du foyer. Lorsque la chambre a atteint la température, une fourche est introduite dans les trous *j* du gueulard, et, en se servant de la chaine *k* comme point d'appui, ce dernier est légèrement soulevé, ce qui permet, en tirant la tige *f* du registre, de laisser retomber le gueulard obstruant ainsi l'orifice *l*.

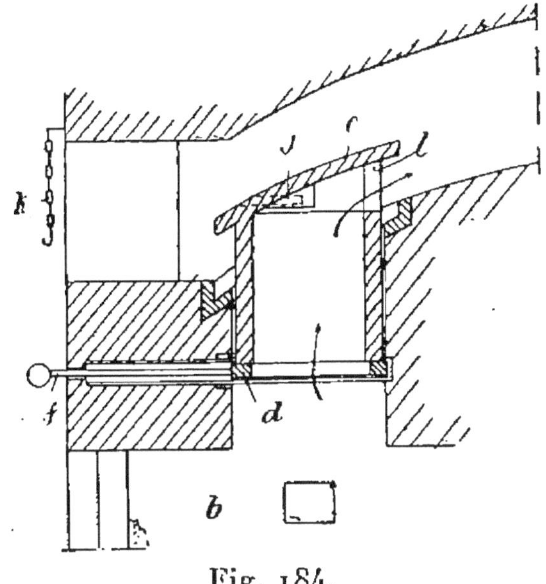

Fig. 184.

Perfectionnement aux fours de boulangerie

(*Bois et Mignot*) (*fig.* 185). — Cette disposition

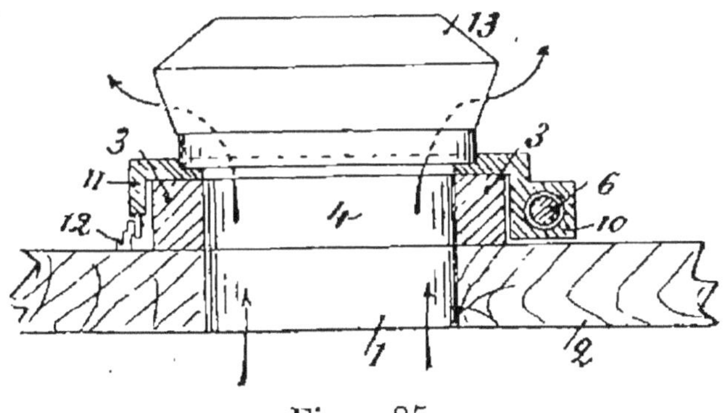

Fig. 185.

consiste en un système de four à foyer indépendant chauffé par la projection des flammes du
foyer dans le four au moyen d'une cheminée 1
ménagée à travers la sole 2 et débouchant dans le

four ; cette cheminée est surmontée d'une plaque de fonte 3, à ouverture 4, sur laquelle se pose un projecteur de flammes 13 monté sur un chariot mobile auquel une cuvette formant réservoir de vapeur, peut être substituée. Le projecteur est actionné au moyen des organes 6, 10, 11, 12 consistant en manivelle, vis sans fin, écrou, ergot et rail.

Foyer à grille mobile pour fours de boulangerie (*Cousinet*) (*fig.* 186). — Ce système de foyer

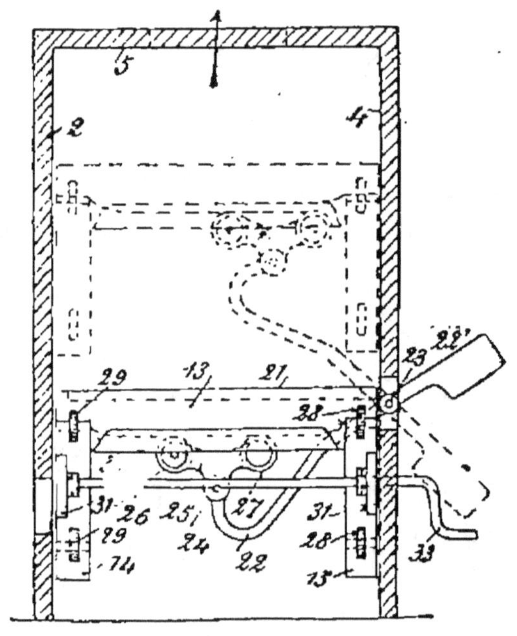

Fig. 186.

se caractérise par un bâti en fonte présentant à l'avant une partie transversale 13 avec deux jambes 14, 15 se profilant vers l'arrière suivant deux flasques évidées entre lesquelles est articulée une fausse grille formée d'entretoises croisées et reposant sur un épaulement de la traverse 13 ; cette fausse grille forme des conduits d'aération. La grille proprement dite 21 est encastrée et convenablement fixée dans son logement. Le déplacement vertical de l'ensemble de cette grille et de son support est obtenu au moyen d'un levier 22 à contrepoids 22′ articulé en 23 et dont l'extrémité est reliée en 24 à un support 25 sur lequel sont montés deux galets 26, 27 ; d'autres galets 28, 29 facilitent le déplacement de la grille et deux crémaillères servent à fixer la grille dans la position désirée ; une manivelle 33 sert à la manœuvre.

Four économique pour boulangers, etc., avec système à phare basculant (*Dugay*) (*fig.* 187). —

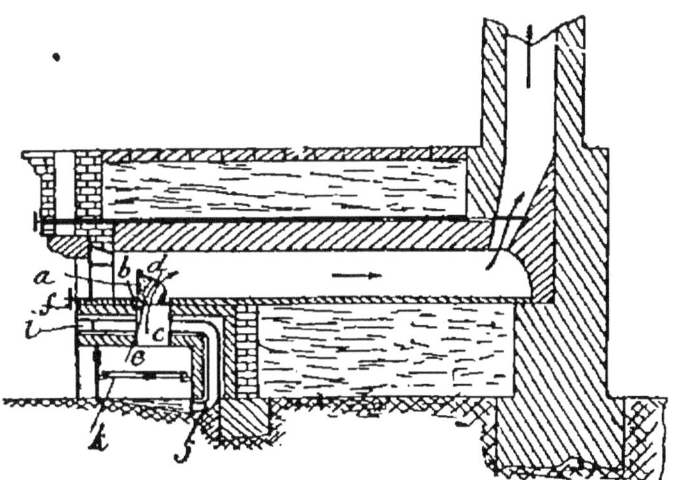

Fig. 187.

Ce système de four se distingue par : un phare *a*, monté sur tourillon *b*, pouvant prendre toutes positions intermédiaires entre l'obturation et l'ou-

verture complète du gueulard *c*, l'oscillation lui
étant communiquée par un pignon *d* porté par le
phare et engrenant sur une vis sans fin *e* comman-
dée par un volant *f*; un foyer muni d'arrivées
d'air et de ventilateurs à ailettes *j* placés dans les
conduits aux deux arrivées d'air *i* sous le foyer;

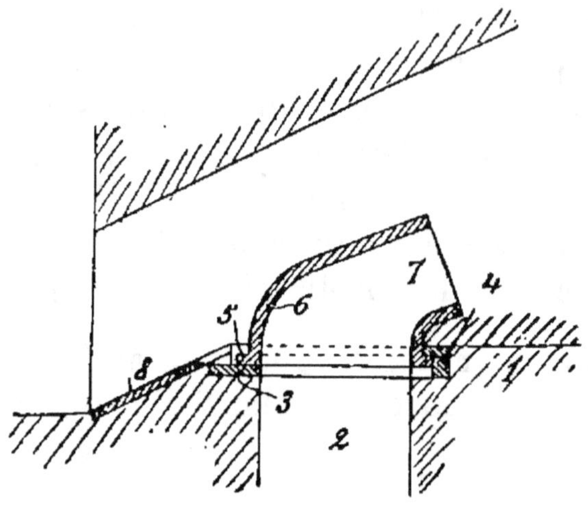

Fig. 188.

une grille spéciale *k* à section de barreaux en lo-
sange; un appareil à buée à cloisons ou plaquettes
contrariées se plaçant autour du foyer, et composé
de plusieurs tubes en cuivre qui amènent l'eau
dans l'appareil; une porte de four automatique
à bascule et glissières; une boîte lanterne électrique pour recevoir n'importe quel appareil électrique, et des briques émaillées pour la construction de la façade du four, consistant en de petits
boîtiers en fer-blanc émaillés au four venant s'em-
boîter dans chaque brique au moment de sa
pose.

Dispositif pour le chauffage des fours de boulangerie (*Eug. Lefost*) (*fig.* 188). — Ce dispositif comporte une buse tournante pouvant présenter son embouchure inclinée 7 dans les directions voulues. Une plaque de fonte 3 ayant sur trois côtés des rebords 4 est encastrée dans la sole 1 du four ; les rebords 4 de cette plaque forment des glissières qui servent à guider le rebord circulaire 5 de la base 6 de la buse. Un seuil incliné 8 est placé en avant de la plaque 3, il est entaillé de manière à donner passage à la buse quand on la retire en la faisant glisser en arrière. La buse retirée, on glisse une rondelle pour obturer l'ouverture 2 du foyer.

Four de boulangerie (*J. Gaillard*) (*fig.* 189).— L'invention se rapporte à un four de boulangerie

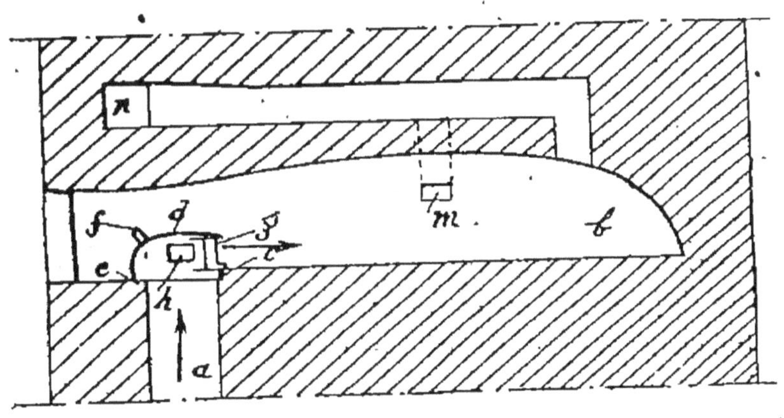

Fig. 189.

dont le chauffage est assuré par une cape à trois ouvertures.

Le foyer est relié par le canal *a* à la portée antérieure de la chambre de cuisson b ; ce canal a présente à son orifice un évasement annulaire c qui reçoit la partie d de la cape e qui le couvre. La cape e a une section horizontale ronde et est munie d'une poignée f ; elle porte trois ouvertures g et h ; celle g est dans l'axe de la chambre de cuisson, les deux autres sont perpendiculaires ; elle est pourvue d'un fond d qui force les gaz à passer par ces ouvertures et ils s'échappent par des canaux m et par le collecteur n. La cape peut s'enlever et se remplacer par une plaque bouchant l'ouverture.

Fours au gaz.

Système de four au gaz pour la boulangerie (*Lebart*) (*fig.* 190). — Ce four se compose d'une

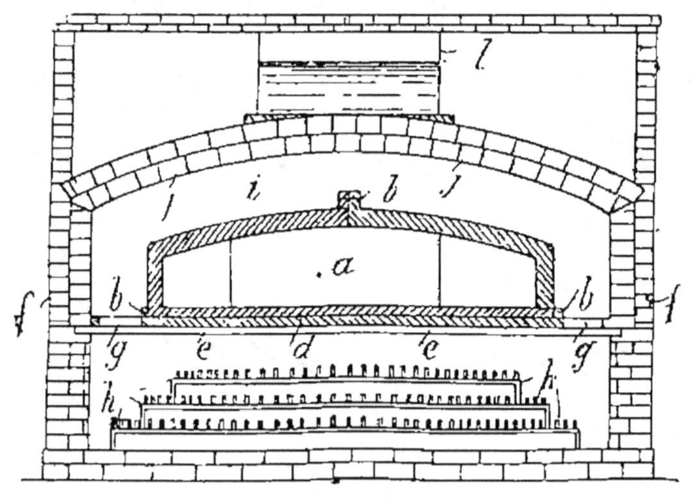

Fig. 190.

cornue en terre réfractaire a constituée par un nombre variable de parties assemblées entre elles et maintenues par des colliers *b* ; une ouverture est ménagée à l'une de ces parties pour l'enfournement. Le socle *d* sur lequel repose la cornue est supporté par des barres métalliques *e*, il est muni d'ouvertures *g* pour le passage de la chaleur dégagée par les cornues à gaz *h* laquelle se rend dans une chambre *i* constituée par une voûte *j*. Un réservoir d'eau *l* disposé dans la maçonnerie pour la production de la buée se trouve chauffé par la chaleur perdue.

Appareil à gaz pour le chauffage des fours (*Burin*) (*fig.* 191). — Cet appareil, dans lequel est

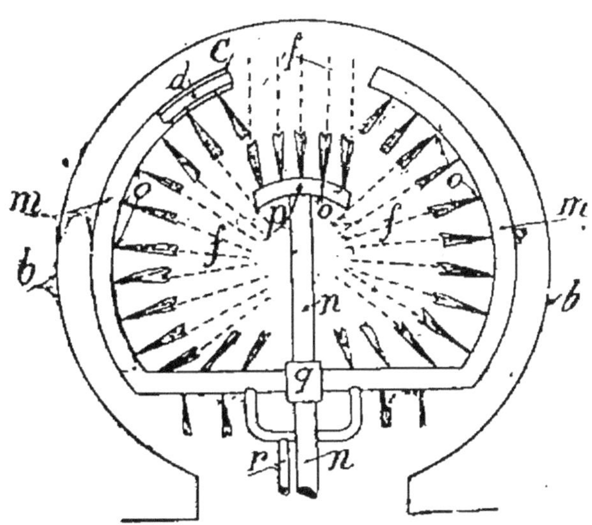

Fig. 191.

utilisé un mélange de gaz combustible et d'air sous pression, comprend une disposition de tubes chauffeurs, variant avec la section du four *b* ; et

un ou plusieurs brûleurs *m*, *p* constitués par deux
tubes concentriques *c*, *d* munis d'une série de
trous *o*. Le gaz arrive par le tube *c* et l'air, chassé
par un ventilateur, par le tube *d*. Les orifices *o*
sont établis de façon que le gaz, chassé par l'air,
soit chauffé partout avec la même intensité.

**Chauffage des fours de boulangers et analo-
gues par le gaz** (*Frémont*) (*fig.* 192). — Ce dispo-

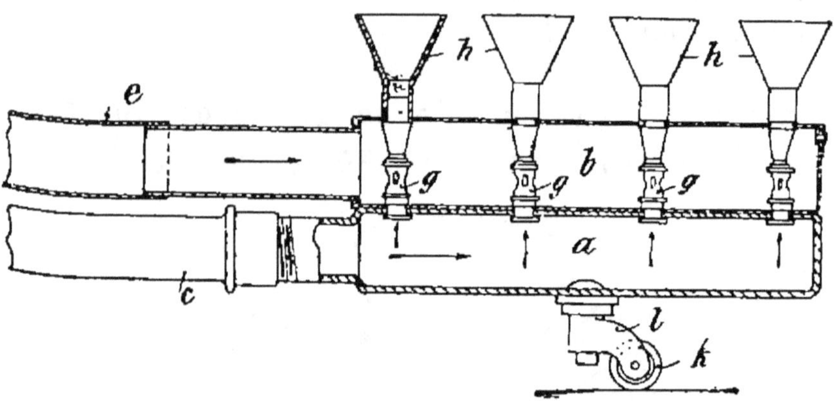

Fig. 192.

sitif comporte deux chambres *a*, *b* superposées ; la
chambre *a* reçoit le gaz par un conduit rigide *c* ;
celle *b* est en communication avec une prise d'air,
située à l'intérieur ou à l'extérieur du fournil,
par un conduit rigide *e* et un tube flexible. Les
brûleurs *g* sont fixés sur la paroi de la chambre *a*
et traversent la chambre *b*, de sorte que l'entrée
de l'air s'opère par les ouvertures du bunsen
qu'environne l'air contenu dans la chambre *b* et
débouche dans une partie épanouie *h*. Des galets *k*
permettent de déplacer les chambres dans l'intérieur du four.

Brûleur à gaz destiné au chauffage des fours de boulangerie ou autres (*Société Gabillot et Cie*) (*fig.* 193). — Cette disposition de chauffage consiste en un faisceau de brûleurs Bunsen 2 convenablement

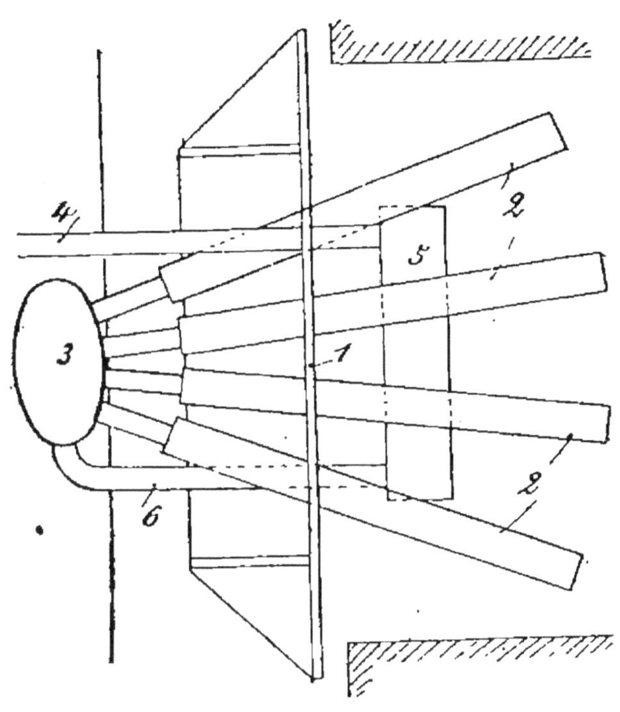

Fig. 193.

nablement divergés et alimentés par un gaz combustible. Le gaz amené par le conduit 4 arrive dans une capacité 5 reliée par un tube 6 au récipient 3 d'alimentation des Bunsen.

Appareil pour le chauffage au gaz des fours de boulangerie (*Société du Gaz de Paris*) (*fig.* 194). Ce dispositif de chauffage consiste dans l'agencement, au niveau de l'ouverture du four, d'un faisceau de brûleurs Bunsen 7 branchés sur un conduit 6 et munis de robinets de réglage et de veilleuses; ces brûleurs traversent une plaque 8 percée d'ouvertures qui laissent autour des tubes 7

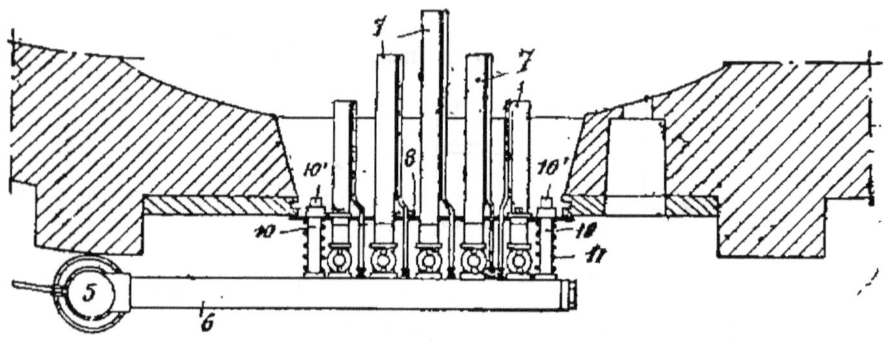

Fig. 194.

des passages pour l'air, la plaque 8 est tenue éloignée du conduit 6 par des ressorts 11. Le chauffage terminé, les robinets sont fermés et l'on dégage la bouche du four en faisant pivoter le conduit 6 autour du pivot 5.

Fours portatifs ou roulants.

Four mobile pour la cuisson du pain d'une façon continue (*Société Industrielle de Creil*) (*fig.* 195). — Ce four locomobile ou fixe comporte deux chambres de cuisson B qui sont chauffées extérieurement par une circulation plus ou moins vive d'air échauffé dans une capacité spéciale au contact des flammes du foyer F et des gaz de la combustion ; cette masse d'air chaud constitue un matelas régulateur de chaleur qui maintient la

température uniforme et constante. La disposition
de gaines G et G' et doubles enveloppes entourant
les chambres de cuisson permettent la circulation
rationnelle de l'air chaud et le chauffage uniforme

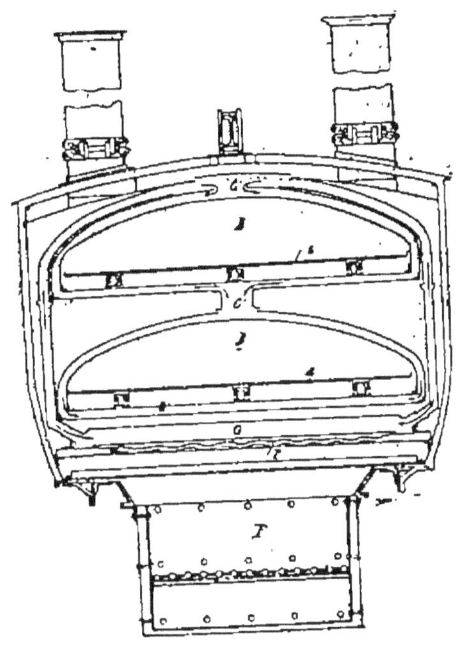

Fig. 195.

de ces chambres dont chacune possède une sole
mobile S permettant l'enfournement et le défournement du pain sans perte de chaleur, car à l'arrière est une cloison fermant la bouche du four.

**Four de campagne, ou four de boulangerie
roulant** (*Kubala*) (*fig.* 196). — Dans ce four, les
parois de manteau *1* sont construites en doubles
tôles entre lesquelles est inséré un isolant de chaleur. Du foyer *2* les carneaux *3* conduisent à la
chambre moyenne de chauffage *4*, et de là le con-

duit 5 mène à la chambre supérieure de chauffe 6 et à la cheminée 7 ; 8 et 9 sont les chambres de cuisson dont la sole 10 et le plafond 11 sont for-

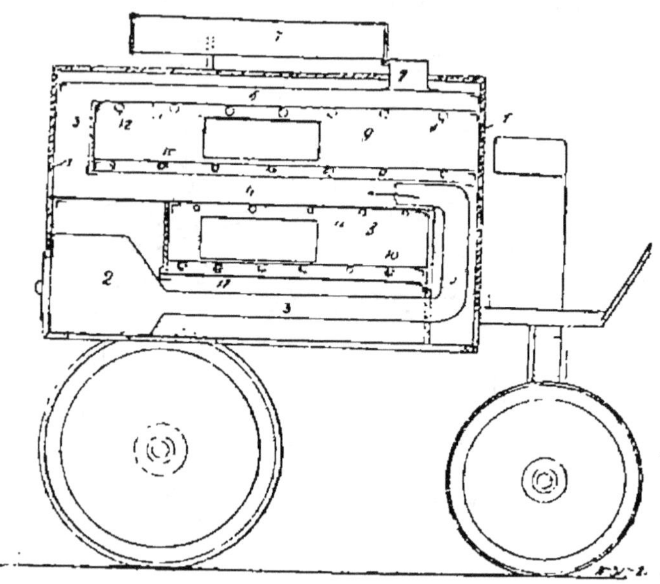

Fig. 196.

més de plaques d'aluminium et sont portés par des tubes 12, coulés en masse réfractaire.

Four portatif pour tous usages domestiques, pâtisserie, rôtisserie, etc. (*Barbary*) (*fig.* 197). — Ce système consiste en une disposition particulière appelant les gaz chauds autour du four et empêchant toute perte de chaleur, son fond est muni de deux ouvertures transversales *b* et de deux autres latérales *c*. Le four placé sur un réchaud à gaz ou autre, les gaz chauds passent par les ouvertures *b* font le tour du four, entrent dans celui-ci par les orifices *d*, sortent en *e* par la sole *f* du four, le contournent et s'échappent par la cheminée *l* en entraînant les vapeurs provenant de la cuisson dans la marche des flèches. A cet effet, l'appareil comporte une double enveloppe *g*, *h* et

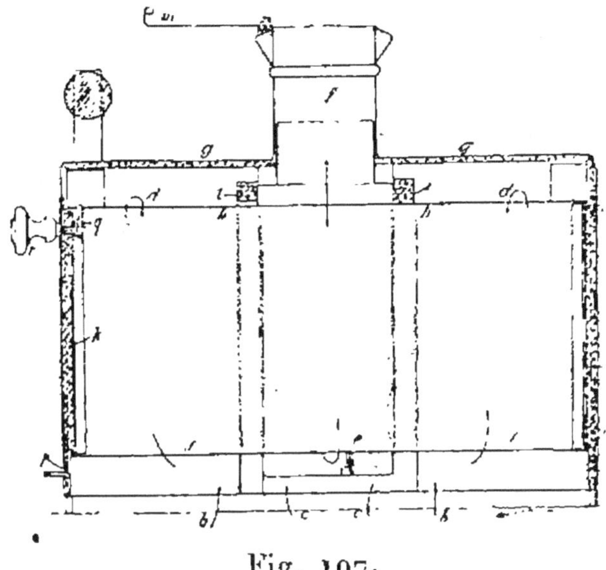

Fig. 197.

des séparations *i* ; l'enveloppe *g*, le fond *j* et la porte *k* sont munis d'une garniture calorifuge. La cheminée est munie d'un obturateur *m* pivotant en *n*, pour conserver la chaleur du four s'il y a lieu.

Four de boulanger (*Vanecek*) (*fig.* 198). — Par cette disposition la chambre de cuisson *b* peut être chauffée directement ou indirectement par en haut. Au-dessus de la voûte *a* de la chambre de cuisson sont ménagés des conduits *c* reliés aux chambres de chauffe *e* et débouchant dans la chambre de fumée *g* ; *h* sont des ouvertures ménagées dans la paroi postérieure de la chambre *b*,

elles sont ouvertes ou fermées par les tiroirs i ;
k sont des auges coulées avec les chambres e et
dans lesquelles de l'eau peut être injectée par des

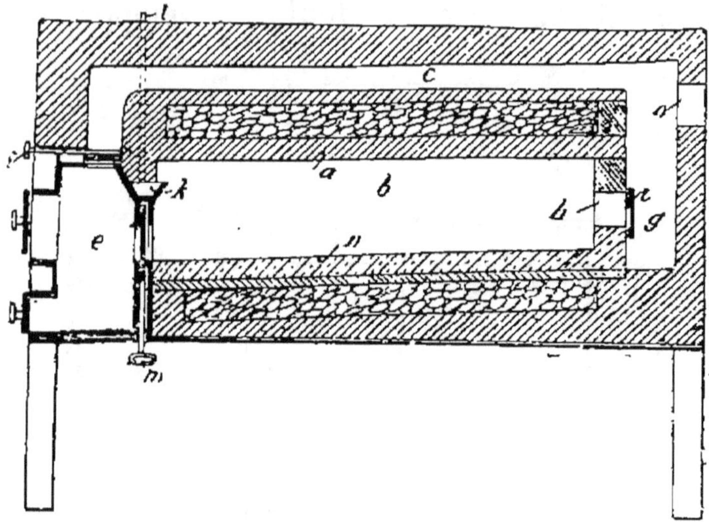

Fig. 198.

tubes l : o cheminée pour le passage des gaz ;
m tiroir de fermeture.

Four de campagne à vapeur. (*Rocher et C*[ie]).
(fig. 199). — Ce four entièrement métallique se
caractérise en ce que le foyer e et la chambre de
cuisson ab sont absolument isolés et indépendants
l'un de l'autre ; ils sont réunis lorsque le four est
monté, sur un élément intermédiaire c pouvant
s'assembler avec le foyer e et auquel se raccorde
l'âtre ab. Le chauffage se fait au moyen de
tubes t fermés aux deux bouts et contenant une
quantité convenable de liquide, régnant en
deux séries parallèles, l'une supérieure, l'autre
inférieure, sur la longueur de l'âtre et pénétrant

par une de leurs extrémités dans le foyer *e* par
des ouvertures ménagées dans l'élément *c*. Le
foyer est constitué d'une caisse en tôle reposant
sur un socle *f*; dans la caisse sont empilées des
garnitures en réfractaires avec matelas d'air sur

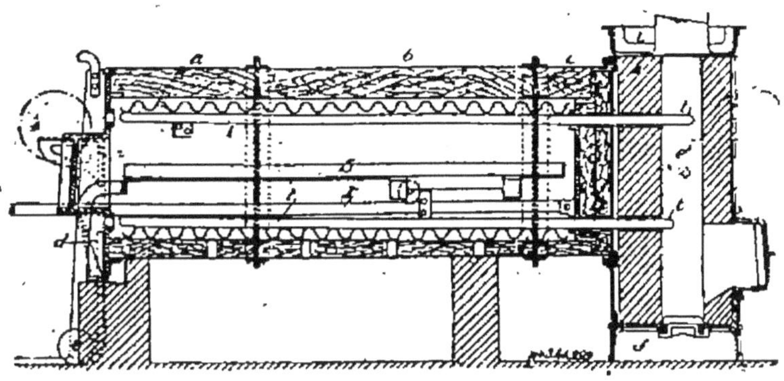

Fig. 199.

les parois extérieures. Des fers *d* guident la sole *s*,
fixe ou mobile, à l'intérieur. Des rails *r* amovibles
sont posés dans des encoches du tronçon *a* et de
l'élément *c*, *i* plafond creux ou réservoir.

Four de boulangerie portatif. (*Maison Grove*).
(*fig.* 200). — Ce four à foyer tubulaire est composé d'un tube de chauffe *a* à sa partie inférieure,
et forme une chambre de cuisson *b* dans sa partie
supérieure. Entre l'enveloppe et le tube de chauffage
est intercalée une couche d'amiante *d* la proté-
geant contre le surchauffage ; une autre couverture
d'amiante *e*, détachable, la protège contre le
rayonnement de la chaleur et les influences atmos-
phériques. Le fond postérieur *r* de la chaudière à
double paroi forme une chambre de fumée où est

disposé un écran *l* qui force les gaz chauds à circuler dans la chaudière.

Le tube *a* est fixé rigidement dans la paroi postérieure de la chaudière, tandis que son extrémité antérieure, qui forme la bouche à feu *a'* passe-

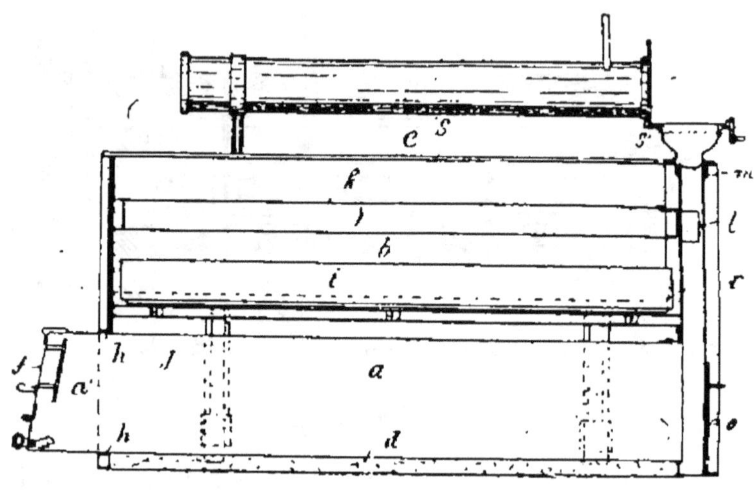

Fig. 200.

librement dans la paroi d'avant, afin de pouvoir se dilater ou se contracter sans se déformer.

Perfectionnements aux fours portatifs. (*Georges Lefebvre*). (*fig.* 201). — Les perfectionnements consistent dans l'application d'un registre 1 formé d'une plaque de tôle 2, glissant dans une coulisse en fer 3 et actionnée par deux tiges de fer 4 terminées par une boule en cuivre 5. Pour fermer le registre on tire sur les boules 5, le trou de feu est ainsi fermé et la chaleur ne se propageant pas dans la partie supérieure du four, celui-conserve la chaleur beaucoup plus longtemps. Deux portes 6 et 7 s'ouvrent ensemble pour y placer le combustible ; on peut à volonté ouvrir la porte 7 pour actionner le foyer, la flamme ne s'échappant plus au dehors car la porte 6 est fermée ; un thermomètre 8 permet de voir le degré de chaleur du

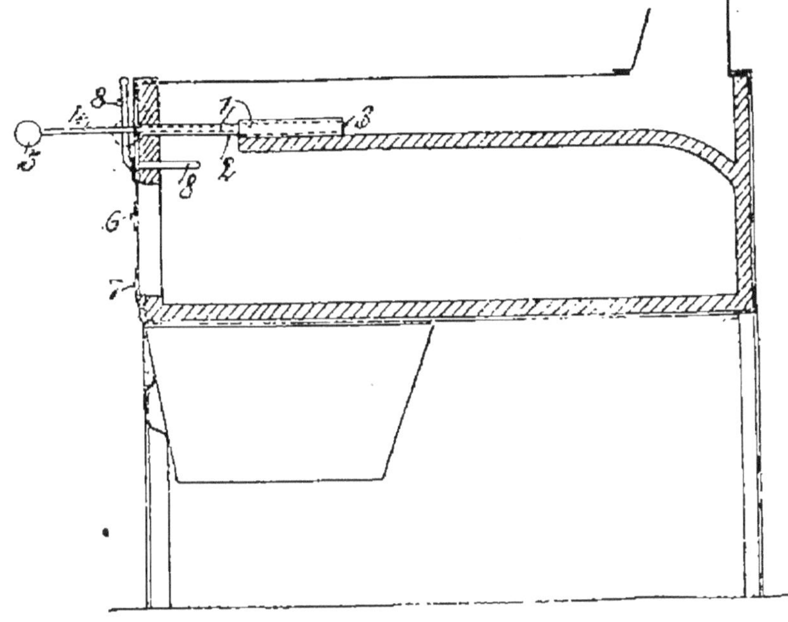

Fig. 201.

four et au bout d'une expérience ou deux on peut obtenir sans aucune surveillance des cuissons tout à fait régulières.

Four de campagne transportable. (*Hart et Leary*). (*fig. 202*). — Ce four est agencé pour reposer sur le sol au-dessus d'une fosse à feu 11 creusée dans le sol qui la ferme de tous côtés excepté à l'avant où se trouve une porte 37 munie d'une ouverture de tirage 38. Une couche de terre 41 recouvre le four pour empêcher les pertes de chaleur par radiation des parois lesquelles sont assemblées par des boulons 17. La façade du four

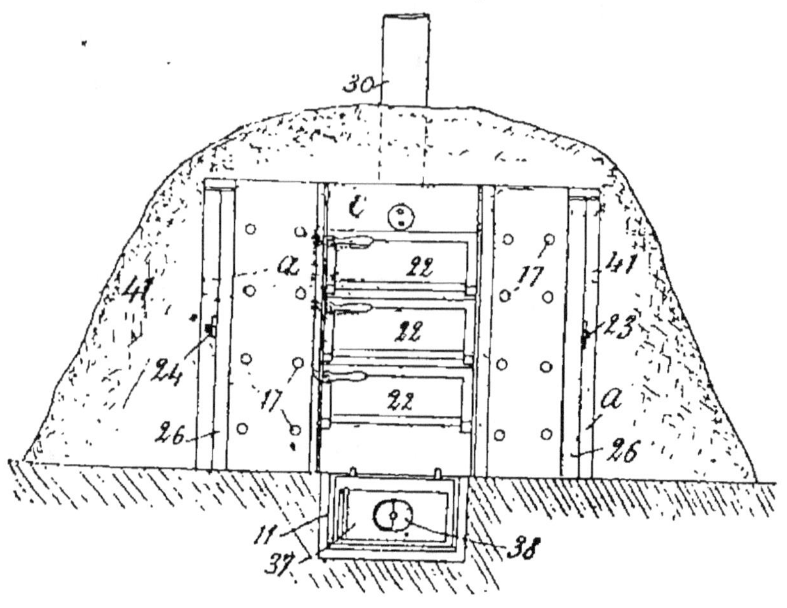

Fig. 202.

C est munie d'une série de portes 22 correspondant aux rayons du four.

Four de campagne portatif à travées démontables transportable à dos de mulet. (*Alex. Ludger Henry*). (*fig.* 203). — Ce four comprend cinq travées de voûte *a* formées chacune de deux moitiés réunies par les ailes verticales des cornières *b* qui constituent une nervure du four au moyen de boulons *c* serrés au moyen de clavettes *d* : la cheminée *f* est faite en une ou deux pièces et s'emboîte sur un tronçon *g* de la boîte à fumée; sur cette cheminée est disposé le papillon ou oura *k* sur l'axe duquel est calé un bras de levier *i* contrôlé par un ressort *j* qui tend à le

maintenir fermé ; de l'autre côté de la cheminée
est calé sur le même axe un second levier
auquel vient se rattacher un fil métallique *l* qui
passe à l'avant sur une poulie *m* pour venir · s'ac-

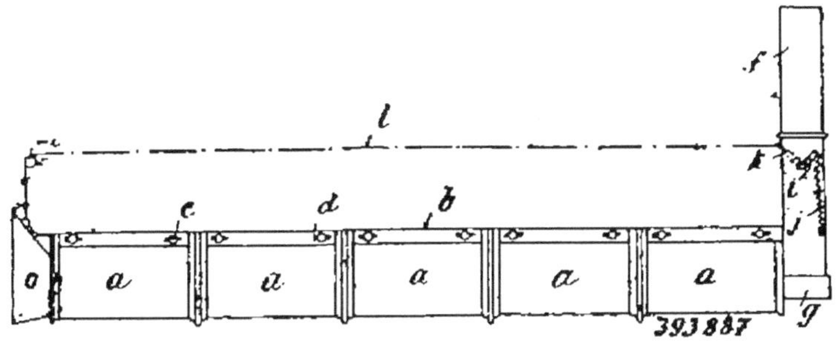

Fig. 203.

crocher à un arrêt : ce qui permet de fixer le oura
dans une position quelconque ; *o* est le garde-
terre.

Four transportable. (*Schmitz*). (*fig.* 204). — Ce
système de four comprend deux chambres de
cuisson 5 ; un carneau 6 entourant ces chambres
conduit les gaz de combustion s'échappant de la
boîte à feu 1, dans le sens indiqué, d'abord au
dessous de la chambre inférieure ; puis, vers
l'arrière, et ensuite de bas en haut contre les
parois amovibles 12. Il agit de même pour la
chambre supérieure pour venir s'échapper par la
cheminée 4 répartissant ainsi la chaleur uniformément.

Four à cuire. (*Raison sociale. Industrie G. M. B.
II*). (*fig.* 205). — Ce four consiste en une double
enveloppe *a*, *b* en tôle dont l'intervalle est rempli
d'asbeste, de sable ou matière analogue afin de

maintenir la chaleur dans le four ; la sole c, d est également remplie entre ses deux surfaces d'as-

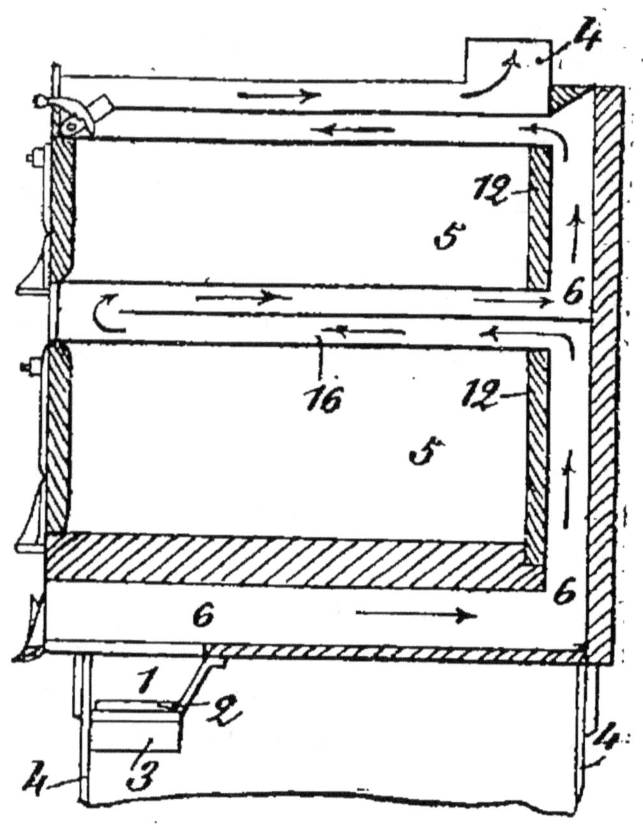

Fig. 204.

beste ou matière analogue. Une petite porte de tirage l est ménagée dans la porte k d'enfournement ; un tuyau p disposé à l'intérieur sert à la production de l'eau chaude. Dans la cheminée est disposé un registre pour mieux conserver la chaleur.

Four portatif pour cuire le pain ou la pâtis-serie. (*Société Pieters f^{res}*)· (*fig.* 206). — Ce four se caractérise en ce qu'il est logé à l'intérieur d'une caisse en tôles, D, D' placée dans un meuble de telle façon qu'il s'établit autour de cette caisse un

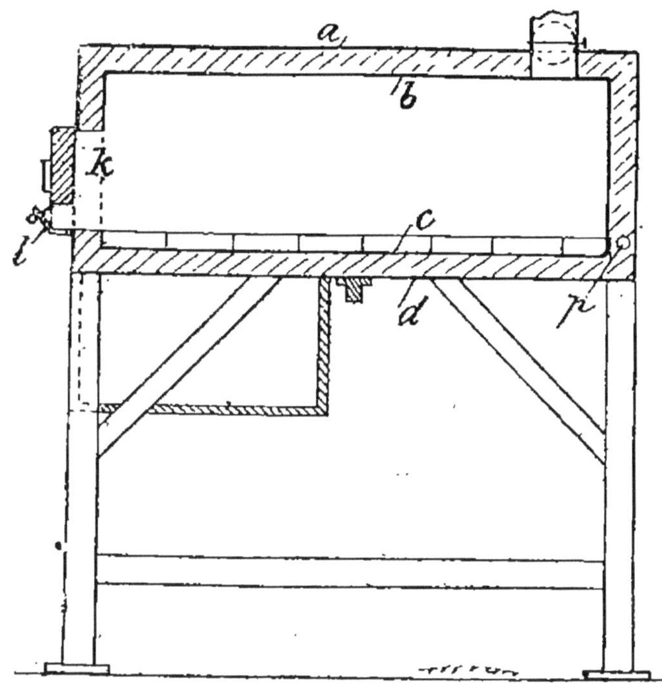

Fig. 205.

courant d'air suffisant pour empêcher toute trans-mission de chaleur aux parois du meuble ; ce der-nier peut comporter garde-manger ou glacière r, s, Entre les tôles D D' se trouve une garniture en amiante e. Un espace vide c de circulation d'air communique avec l'extérieur par les orifices f.

Four pour pâtissiers et boulangers. (*Oscar Klœti*). (*fig.* 207). — Cette invention est constituée par un four métallique *a*, enveloppé par un caisson *c* et séparé de ce dernier par un espace D servant au passage des flammes et gaz chauds, ce four repose sur un foyer dans la partie supérieure duquel sont ménagés latéralement deux caniveaux

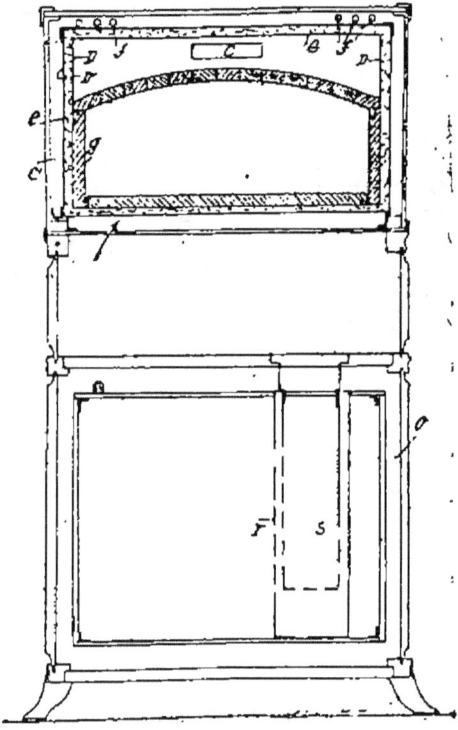

Fig. 206.

h' par lesquels passent les flammes et gaz chauds, la circulation de ces derniers autour du four étant réglée par deux bascules *f* placées dans l'espace libre compris entre le four et la paroi intérieure du caisson de sable, les flammes et gaz faisant avant leur entrée dans la cheminée d'évacuation *g* un retour provoqué par la présence d'une plaque *e* fonctionnant comme un coupe-feu et interceptant leur passage dans la partie supérieure du conduit.

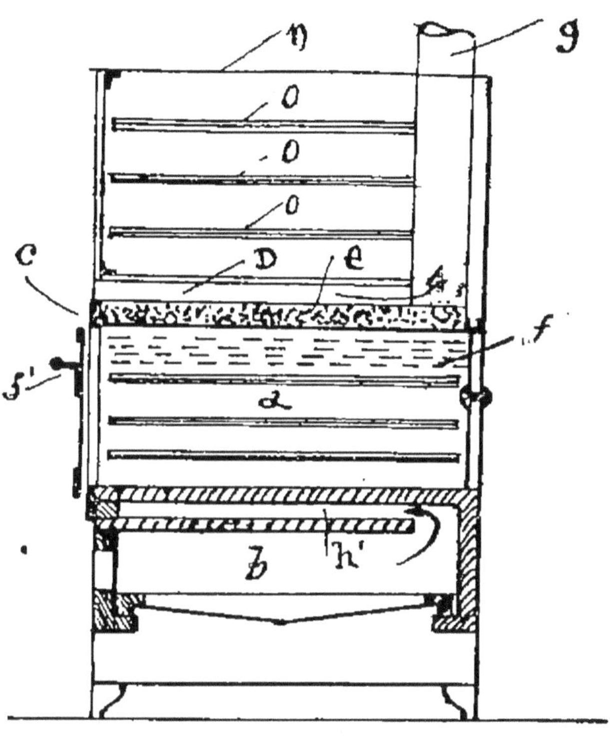

Fig. 207.

Perfectionnements aux fours de boulangerie.

(*W. Clauss*). (*fig. 208*). — L'invention a pour but un four rotatif comportant des carnaux inférieurs 5,7 disposés autour de l'axe et des carnaux supérieurs 10,12 ; ces derniers sont séparés de la chambre de cuisson 9 par des tuiles 13 et extérieurement par la couche de sable 16. La chambre de cuisson 9, d'une faible hauteur, est traversée par l'axe 18 contenu dans la cloison 17, cet arbre tourne dans un palier 19 et repose, dans une chambre accessible 19ᵃ, sur un palier 22, qui permet d'avoir un socle élevé 52 ; l'arbre reçoit

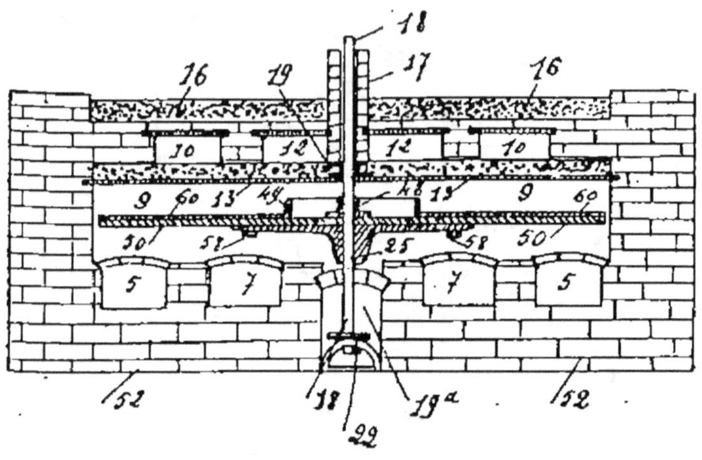

Fig. 208.

son mouvement par une vis sans fin extérieure au four. La plaque rotative 60 est circulaire et repose sur les bras 50 tenus par le collier 48 et par le moyeu à bride 25, une vis 58 permet de ramener les bras à une position plane. L'anneau 49 force à éloigner les pièces à cuire de l'arbre 18.

Eclairage des fours.

Lampe électro-fournière. (*Derrey*). (*fig.* 209). — Cette lampe électrique à incandescence est protégée par une boîte parallélipipédique en métal munie en avant d'un verre ou d'une feuille de mica et latéralement d'une poignée. Le cou-

10.

rant électrique pénètre dans la lampe en traversant des douilles en os attachées sur le cadre

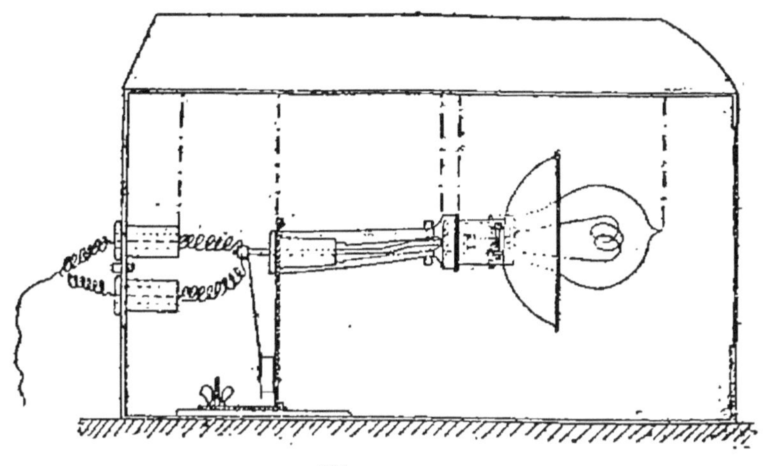

Fig. 209.

de la boîte. Le pied de la lampe est garni d'un abat-jour ou réflecteur.

Dispositif permettant d'augmenter ou d'abaisser en veilleuse la flamme des becs de gaz éclairant les fours de boulangers et autres. (*Schmidt*). (*fig.* 210). — Ce dispositif qui permet d'éclairer les fours seulement lorsque la porte est ouverte et de remettre le gaz brûler en veilleuse lorsque la porte est fermée, consiste en un levier AB articulé en C, ce levier sous l'action du ressort D, quand la porte est ouverte, est soulevé et le bras B abaissé en entraînant le bras de levier E et en faisant monter le bras F qui, par la tige I, ouvre le robinet J en grand. La porte P étant fermée appuie sur le talon *b* ce qui abaisse le levier A et referme le robinet J.

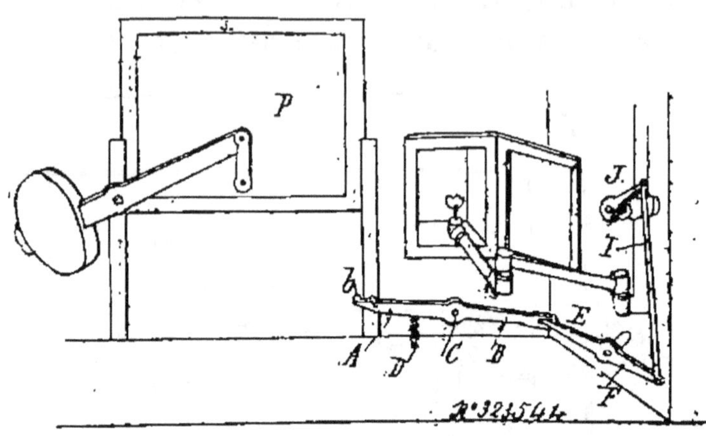

Fig. 210.

Système d'éclairage des fours de boulangers pâtissiers, charcutiers, etc. « l'Idéal ». (*Mousseau*)(*fig.* 211). — Ce système consiste à éclairer

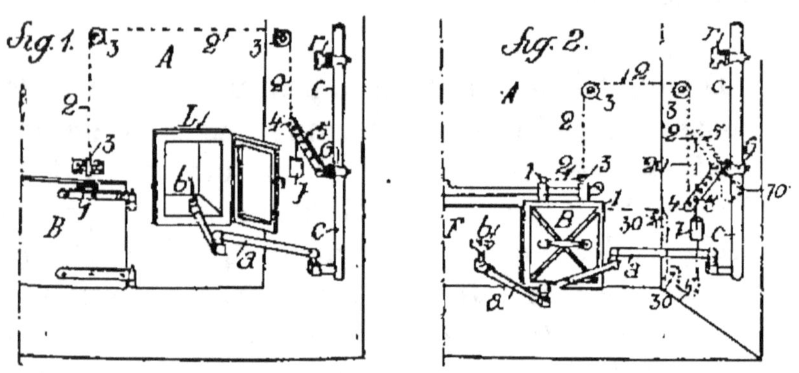

Fig. 211.

l'intérieur des fours en utilisant le mouvement de va-et-vient des systèmes variés des portes de ces fours, et de régler automatiquement l'intensité de la lumière du brûleur pendant l'enfournement ou le défournement et la cuisson. La figure 1 montre le dispositif appliqué à une bouche fermée par un bouchoir à gonds verticaux ; la chaîne 2 passe dans une patte 1 fixée sur le bouchoir B ; en rapprochant la porte B pour fermer la bouche on laisse agir le contre-poids 7 qui ferme automatiquement le robinet 6. Dans la figure 2 le dispositif est appliqué à une bouche à portes coulissantes B : en déplaçant la porte B pour fermer la bouche F la patte 1 agit sur le câble 2 ou 20 et détermine la fermeture du robinet 6.

Lampe pour éclairer les fours. (*Lubcke*), (*fig. 212*).— Ce dispositif qui allume et éteint automa-

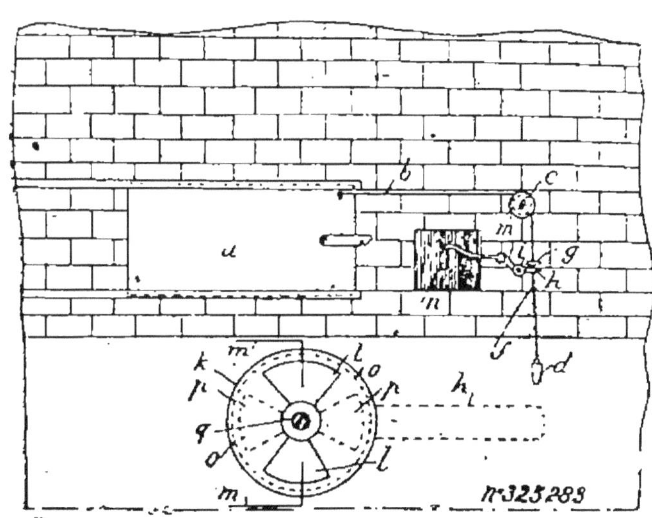

Fig. 212.

tiquement les lampes éclairant les fours est disposé comme suit : la porte du four *a* est en relation avec une corde *b*, passant sur une poulie à gorge *c*, et maintenue tendue par un poids *d* ; cette corde reçoit entre deux taquets f et g, un bras h d'un dispositif de mise en circuit i, lequel comporte une plaque k sur laquelle sont disposées les surfaces de contact l pour les fils conducteurs m de la lampe n ; sur cette plaque repose une seconde plaque o portant des bras h et l'étrier de contact p. La porte étant glissée latéralement en vue de son ouverture, la position de la corde est modifiée, elle entraîne le bras h au moyen des taquets f, g, ce qui fait tourner la plaque o ; l'étrier de contact p arrive sur les surfaces de contact l, le circuit se trouve formé et allume la lampe électrique. Lorsque le bras occupe la position extrême, les surfaces de contact sont séparées et la lampe ne brûle pas.

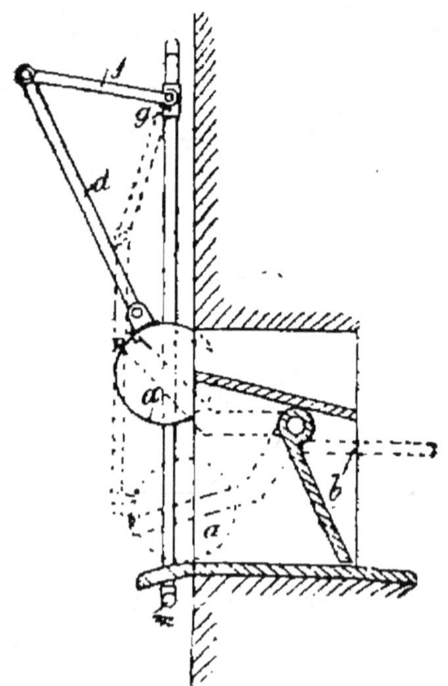

Fig. 213.

Robinet à gaz intermédiaire pour l'éclairage des fours. (*Braudle et Reruys*). (*fig.* 213). — Ce système permet, par l'ouverture et la fermeture de la porte du four, d'élever ou d'abaisser simultanément et automatiquement la flamme de gaz éclairant l'intérieur des fours par le moyen d'un robinet intermédiaire qui permet, lorsque la flamme est abaissée, un petit passage secondaire qui s'étend le long de la clef du robinet *g* sans la toucher et peut-être réglé du dehors par une vis. Au levier à contrepoids *a* de la porte *b* est reliée une bielle *d*, reliée au levier *f*, qui est relié à son tour à la clef du robinet à gaz *g* dont la conduite s'étend à la flamme d'éclairage *m*.

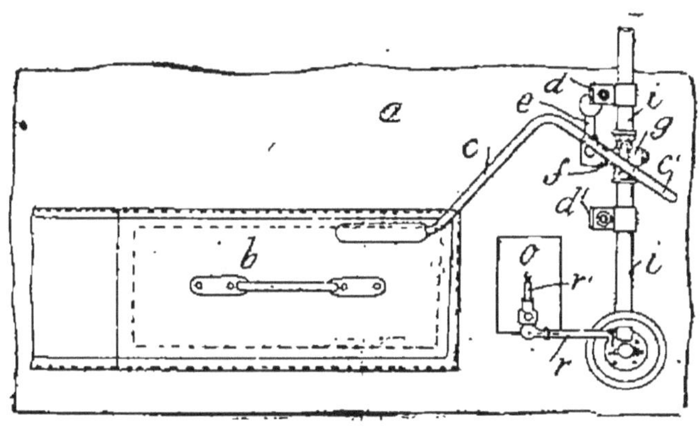

Fig. 214.

Dispositif réducteur de consommation pour l'éclairage d'espaces qui n'ont besoin d'être éclairés qu'autant qu'une porte reste ouverte. (*Glashoff*). (*fig.* 214). — Cette disposition est caractérisée par la liaison entre la porte *b* et le robinet *g* d'une conduite de gaz ou un récepteur de courant électrique ; cette liaison permet l'ouverture du robinet ou le passage et l'interruption du courant par la manœuvre de la porte *b*. Ce mécanisme comporte un bras coudé *c* dont la branche *c'* soulève, à la fermeture de la porte, un bras à contrepoids *e* fixé sur la clef *f* du robinet et laisse descendre ce bras au moment de l'ouverture ; des butées *dd'* limitent ce mouvement. Un canal étroit est ménagé quand le robinet est fermé pour empêcher la flamme de s'éteindre.

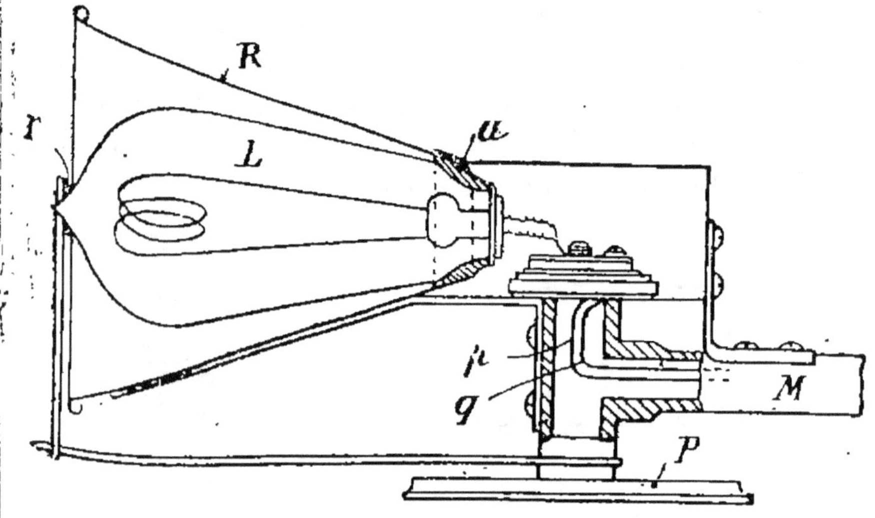

Fig. 215.

Lampe électrique pour l'éclairage des fours de boulangerie. (*Depierre*). (*fig.* 215). — Cet appareil présente comme particularité le montage de la lampe L sans culot entre, deux rondelles ou garnitures d'amiante *a* et *r* ou autre matière isolante d'une façon élastique dans un réflecteur émaillé R de forme conique ou autre convenable, ce réflecteur étant porté par un manche métallique M à l'intérieur duquel sont engagés les conducteurs pq qui amènent le courant électrique et qui est

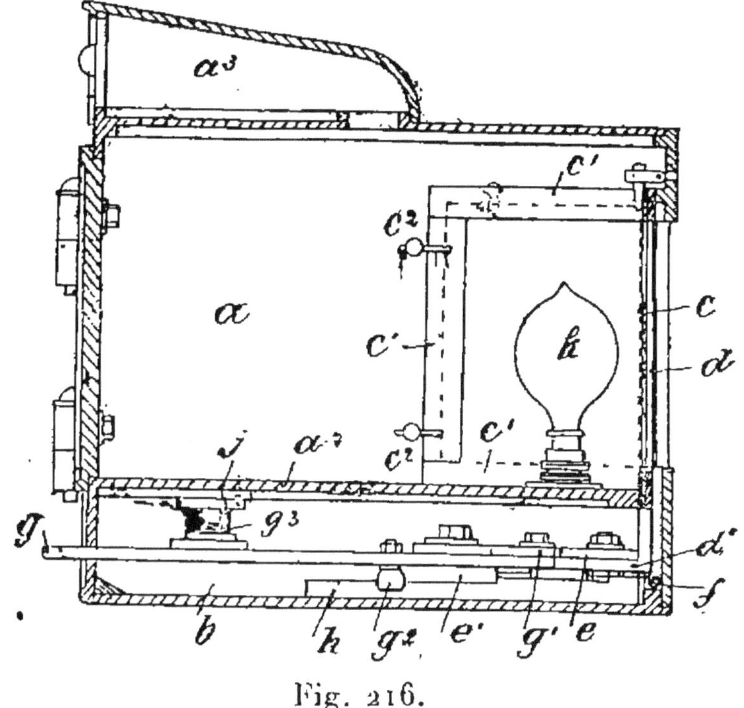

Fig. 216.

pourvu d'un pied P pour reposer sur la tôle du four et diriger convenablement la lumière en avant.

Perfectionnements apportés aux appareils propres à éclairer les fours. (W^{am} *Ellis Storey*). (*fig.* 216). — Ce système comprend une boîte a dont le devant est semi-circulaire et fermé hermétiquement par une feuille de mica c supportée par un chassis c' maintenu en place par des coins c^2. La boîte a est pourvue d'un fond a^2 et d'un conduit de ventilation a^3, un double fond b est situé en dessous de cette boîte ; un volet d pourvu d'un rebord d' fixé à un secteur e, articulé sur un guide à billes e', est également supporté par des billes f ; un levier g articulé en g' audit secteur et portant un galet g^2 appuie contre une came h ; deux contacts j situés dans le circuit de la lampe k sont reliés par le balai g^3 fixé à un bloc non conducteur situé sur le levier g.

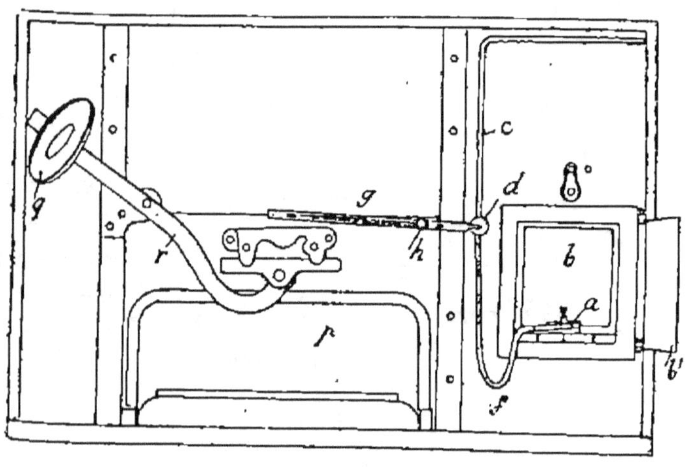

Fig. 217.

Système d'éclairage automatique pour fours de boulangers. (*Société Vuillermet et Salmon*). (*fig.* 217). — Cette disposition comporte une petite lampe à gaz a disposée dans une lanterne b ; le gaz arrive par un tuyau c, un robinet d et un tuyau flexible f ; sur la clé du robinet d s'adapte un levier g portant une coulisse qui embrasse un bouton h fixé sur la porte p du four. Chaque fois que l'on ferme la porte, le levier g monte, ouvre le robinet d et permet d'éclairer en grand et, dès qu'on l'ouvre ce levier ferme le robinet et met la lampe en veilleuse.

PRINCIPES THÉORIQUES SUR LE CHAUFFAGE DES FOURS ET RÉSULTATS PRATIQUES

On a encore inventé un grand nombre d'autres fours, mais dont nous n'essaierons pas de donner la description, d'abord parce que plusieurs d'entre eux rentrent, par leurs formes ou leur mode d'action, dans ceux que nous avons décrits, ensuite parce que ces formes ne paraissent point avoir été adoptées dans la pratique, et enfin parce que ces descriptions nous entraîneraient bien au delà des bornes d'un manuel.

Nous préférons donc entrer dans quelques considérations sur les principes théoriques du chauffage des fours, et sur les résultats pratiques qu'on a obtenus.

L'effet absolu d'un four est mesuré par sa grandeur et par la condition de savoir s'il est à marche continue ou interrompue ; son effet relatif dépend de la quantité de combustible qui lui est nécessaire pour produire une quantité pondérable déterminée de pain, par exemple, 100 kilog. Une portion de ce combustible exerce d'abord un certain effet utile, qui est le chauffage de la pâte jusqu'au point de l'ébullition et d'évaporation de l'eau qu'elle contient, évaporation pendant laquelle la pâte éprouve une diminution de son poids. La chaleur employée utilement est en unités de chaleur suivant M. Rollet, pour 100 kilog. de pain cuit :

31,854 unités quand on produit . . . 130^{kg}
32,194 — — . . . 140
32,488 — — . . . 150

de pain avec 100 kilog. de farine. Or, on peut produire ces unités de chaleur en brûlant 6,25 à 6,37 kilog. de bois, ou 2,12 à 2,17 kilog. de houille.

Tout ce qui est dépensé dans un four au delà de ces nombres pour la production de 100 kilog. de pain (en déduisant naturellement, quand on brûle du bois, la braise de la quantité de bois introduite) sert à obtenir des actions secondaires ou accessoires, à savoir l'évacuation des produits de combustion, l'allumage et le chauffage du four et celui de l'air qui y afflue, et enfin le remplacement de celle perdue par rayonnement et qui se dissipe continuellement. Parmi ces actions accessoires, le chauffage de la masse totale du four absorbe déjà une quantité très notable de chaleur, surtout lorsque le four n'est chauffé qu'à de longs intervalles, et qu'entre chacun d'eux on le laisse refroidir complètement ou à peu près. On constate aisément que dans un grand four constamment en activité, malgré qu'il faille parfois plusieurs jours pour le porter à la chaleur requise pour la cuisson, il y a encore rendement économique très avantageux, et que la dépense pour le chauffage préalable est, dans une production continue, couverte par une quantité bien plus forte.

de produit. Avec un four de structure ancienne, dans lequel on cuit chaque fois 100 kilog. de pain, on observe dans ces conditions, à peu près les rapports suivants. Il faut en effet,

Pour la 1re fournée, dépenser. 32^{kg} de bois
— 2e — . 12 —
— 3e — . 8 —
— 4e — . 7, 5 —

et, pour chacune des suivantes, cette même quantité de 7 kil. 5.

On dépense donc, pour une fournée unique de 100 kilog. de pain, 32 kilog. de bois ; pour quatre fournées consécutives, en moyenne 14 kil. 5 ; et, pour dix fournées consécutives, aussi en moyenne, 10 kil. 5 de bois.

Parmi les autres actions accessoires dévolues à la chaleur, on diminue ses pertes par le rayonnement, par l'interposition de corps mauvais conducteurs, et en s'opposant au renouvellement de l'air sur les surfaces extérieures.

Quant à la chaleur qui se perd par l'air froid qui pénètre dans le four et le traverse, les constructions qui paraissent les plus parfaites sont celles où la bouche reste ouverte le moins de temps possible, c'est-à-dire celles qui n'exigent pas un nettoyage intérieur, celles où il n'est pas nécessaire de déplacer le pain, et où l'enfournement et le défournement s'opèrent de la manière la plus rapide, et par conséquent les fours à sole mobile mécaniquement.

Si on compare la quantité de combustible qui serait nécessaire pour obtenir l'effet théorique avec celle réellement dépensée dans un four, on obtient l'effet relatif du four. Ainsi cet effet relatif serait, pour l'ancien four dont il a été question ci-dessus :

Pour la première fournée $\frac{6.37}{32}$ ou environ 20 o/o.

Pour les quatre premières fournées, en moyenne $\frac{6.37}{14.9}$ ou 42 o/o.

Pour dix fournées, en moyenne $\frac{6.37}{10.5}$ ou 60 o/o.

CHAPITRE VIII

Sophistication, essai et maladies du pain

SUBSTANCES INTRODUITES FRAUDULEUSEMENT DANS LE PAIN

Déjà dans le chapitre troisième, nous sommes entré dans des détails étendus sur la sophistication des farines et sur les moyens de la constater, nous ne reviendrons pas sur ce sujet que nous sommes loin d'avoir épuisé.

Nous nous proposons dans le présent chapitre d'indiquer certaines substances qu'on mélange frauduleusement avec le pain, afin de donner à celui-ci un aspect, une apparence ou certaines propriétés qui doivent le faire rechercher par les consommateurs et à leur en imposer sur la qualité des produits dont ils font l'acquisition. Nous ferons connaître en même temps les moyens qui ont été proposés pour constater ces fraudes et les signaler. Le sujet que nous abordons exigerait pour être traité comme il convient, qu'on entrât dans des développements bien plus étendus que ne le comporte un simple manuel, mais en nous bornant à attaquer les fraudes les plus communément pratiquées, nous croyons rendre encore un important service aux consommateurs.

EMPLOI DE L'ALUN DANS LA FABRICATION DU PAIN

M. Accum (1) dit que la qualité inférieure de la fleur de farine, dont les boulangers de Londres font généralement usage pour la fabrication de leur pain, rend nécessaire l'addition de l'alun, afin de lui donner le coup-d'œil blanc du pain fait avec de la belle farine.

La farine des boulangers provient souvent de mauvaises espèces de froment avarié venant de l'étranger, et d'autres graines céréales mêlées avec le froment quand on le fait moudre. On porte au marché de Londres cinq qualités de fleur de farine de froment, que l'on nomme ainsi : *fine fleur, fleur seconde, fleur moyenne, fleur grossière,* et *fleur à vingt sous.* On fait aussi moudre fréquemment des fèves de marais et des pois, pour en mêler la

____

(1) *Traité sur les poisons culinaires.*

farine avec celle du blé (1). J'ai établi, d'après mon boulanger, que la plus petite quantité d'alun qu'on puisse employer pour obtenir un pain blanc, léger et poreux, est environ 113 grammes par sac de fleur de farine pesant 240 *pounds avoir du poids* (environ 109 kilogrammes). C'est donc un peu plus d'un gramme par kilog. Le docteur P. Markam (2) dit que, pour la fabrication en pain d'un sac, ou cinq boisseaux de fleur de farine, l'on emploie :

Un sac de farine-fleur pesant .	100^{kg}
Alun.	0,250
Sel marin (chlorure de sodium).	2
Levure, environ.	2 lit.
Mêlée avec environ	12 lit. d'eau

Dans le *Traité chimique sur l'art de la fabrication du pain* de M. Accum, on y trouve établi, comme procédé de boulangerie, celui qui suit : l'on fait dissoudre dans un seau d'eau chaude 2 kilogrammes de sel marin et 30 grammes d'alun qu'on verse dans une grande cuve nommée *d'assaisonnement.* Plus loin, il ajoute : A Londres, où la bonté du pain s'estime entièrement d'après la blancheur,

(1) Dans le midi de la France, les paysans, quand ils font moudre un sac de blé, portent un panier de fèves qu'ils font moudre après le blé, afin, disent-ils, de bien nettoyer la meule. Cette farine de fèves donne un léger goût au pain ; et la farine de celui qui vient moudre ensuite contient un peu de cette farine de fèves qui était restée entre les meules.

(2) *Considérations sur les ingrédients employés pour frauder la farine et le pain.*

ceux des boulangers qui emploient une farine de qualité inférieure sont dans l'habitude d'ajouter à la pâte autant d'alun que de sel, ou bien on diminue la quantité de sel de moitié, et l'on remplace cette moitié retranchée par un poids égal d'alun qui le rend plus blanc et plus ferme.

Il paraît que les boulangers de Londres ne se piquent pas beaucoup d'acheter de bonnes farines, et qu'ils trouvent plus économique de les frauder : ainsi M. Accum dit qu'ils semblent avoir formé une espèce de conspiration pour fournir de mauvais pain aux citoyens. Nous pouvons donc inférer des proportions de sel et d'alun établies ci-dessus, qu'on adoptera celles qu'il assigne, d'un kilogramme d'alun et d'un kilogramme de sel, pour la conversion en pain d'un sac de farine ; mais ce sac pèse 127 kilogrammes, et fournit, terme moyen, 80 pains de 2 kilogrammes ; or, d'après l'auteur, chacun de ces pains contiendra 12,4 grammes d'alun; ce qui fait 3 grammes par 500 grammes. Or, comme on mange ordinairement 750 grammes de pain par jour, il résulte qu'on prendrait, journellement, 4,7 grammes d'alun. L'on sent tous les dangers qu'une telle fraude peut produire. Il est cependant des boulangeries en Angleterre, et notamment à Edimbourg et à Glasgow, particulièrement celle de M. Harley de Willowbank, qui convertissent chaque semaine 20,000 kilogrammes de fleur de farine en pain et n'emploient pas un atome d'alun, parce qu'on y fait usage de farine de première qualité. Ce dernier emploie pour la panification :

Fleur de farine, un sac : sel, environ 2 kil. 7.

Il en obtient de 83 à 84 pains de 2 kil. 12.

Les pains perdent environ 275 grammes à leur cuisson.

Dangers de l'introduction de l'alun dans la farine et le pain. — L'introduction habituelle de l'alun dans l'estomac de l'homme, quelque petite qu'en soit la quantité, doit nécessairement troubler l'exercice des fonctions de cet organe, principalement chez les personnes d'une constitution bilieuse ou faible et constipée par tempérament, et surtout chez les individus menant une vie sédentaire. Ajoutez à cela que cette dose quotidienne pouvant s'élever à 4 grammes par jour, peut aggraver considérablement la dyspepsie, troubler les fonctions digestives et donner lieu à des affections calculeuses, et même faire naître des gastro-entérites. Une telle fraude devrait donc être sévèrement réprimée par la police.

L'introduction de l'alun dans les farines avariées, en Angleterre, a probablement pour effet de modifier l'état des matières azotées. L'alun doit être considéré, en effet, comme une matière astringente, capable d'agir sur le gluten, en le modifiant dans le but du boulanger. Mais les dangers qui peuvent résulter de l'introduction de l'alun dans les farines avariées qu'il remonte en masquant les effets de l'altération du gluten, ou même en dissimulant la présence de mucédinées qui pourraient exercer une influence désastreuse sur la santé publique, n'en sont pas moins grands.

Moyens propres à reconnaître l'existence de l'alun

dans le pain. — M. Ash Hodon a indiqué ce moyen bien simple pour faire constater la présence de l'alun dans le pain : on prend une petite quantité de la mie de pain suspecte, et on la place pendant 12 heures dans une décoction de Campêche faite avec de l'eau de source ordinaire, c'est-à-dire calcaire. On procède de la même manière avec une égale portion de la mie d'un pain non falsifié. Le pain de bonne qualité, après avoir été retiré du liquide, puis lavé avec de l'eau, sera seulement coloré en jaune orangé à la surface ; mais celui qui renferme de l'alun aura acquis une couleur pourpre dont la teinte peut être très foncée.

On prend le pain soupçonné contenir de l'alun, on l'émiette, et, pour mieux opérer et avoir une liqueur moins trouble, on le laisse sécher ; on le met ensuite à infuser pendant une demi-heure dans de l'eau distillée ; on le presse légèrement entre un linge, et l'on filtre la liqueur, qu'on divise en deux parties. On verse, dans l'une, de l'hydrochlorate de baryte, jusqu'à ce qu'il ne se fasse plus de précipité blanc ; l'on filtre et l'on fait sécher le précipité, qui est du sulfate de baryte : d'après la composition de ce sel, et en prenant le double de son poids, l'on a celui de l'acide sulfurique, l'un des constituants de l'alun. On verse dans l'autre moitié de la liqueur une solution de potasse caustique, qui y détermine un précipité blanc, qui est l'alumine, autre constituant de l'alun. Ce précipité séché, et son poids doublé, donne, avec celui de l'acide sulfurique, celui de l'alun, non compris son eau de cristallisation.

Si le pain ne contient pas d'alun, la liqueur n'éprouve aucun changement bien sensible de la part de ces deux réactifs.

Voici le procédé employé par M. Kuhlmann, pour reconnaître la présence de l'alun dans le pain :

Il fait incinérer 200 grammes de pain, et il traite les cendres, après les avoir porphyrisées, par l'acide nitrique. Il fait évaporer le mélange jusqu'à siccité, il délaie le produit de l'évaporation dans 20 grammes environ d'eau distillée, de la même manière que s'il s'agissait de reconnaître du cuivre ; puis il ajoute à la liqueur qu'il n'est pas nécessaire de filtrer, de la potasse caustique en excès ; il filtre après avoir chauffé un peu, et il précipite l'alumine de la dissolution filtrée au moyen de l'hydrochlorate d'ammoniaque. La séparation totale de l'alumine n'a lieu qu'à la faveur de l'ébullition à laquelle il est convenable de soumettre le liquide pendant quelques minutes.

Il recueille ensuite l'alumine sur un filtre, et il détermine, d'après le poids de l'alumine obtenue, la quantité d'alun contenue dans le pain.

FRAUDE PAR LE SOUS-CARBONATE DE MAGNÉSIE

En Angleterre, les farines des blés récoltés en 1817 étaient de si mauvaise qualité que le pain en était non seulement de qualité très inférieure, mais encore qu'il s'affaissait considérablement dans le four. Ces graves inconvénients engagèrent M. Edmond Davy, professeur de chimie à l'institution de Cork, à faire une série d'expériences pour obtenir une meilleure panification par l'addition du sous-carbonate de magnésie. Il en est résulté que 11 à 21 décigrammes de ce sel, intimement mêlés avec chaque demi-kilogramme de fleur de farine, et suivant sa qualité plus ou moins mauvaise, amélioraient considérablement la qualité du pain.

Voici l'expérience comparative qui eut lieu avec les farines les plus mauvaises de seconde qualité, avec et sans addition de carbonate de magnésie. On fit cinq petits pains, contenant chacun un demi-kilogramme de farine, 50 décigrammes de sel et une bonne cuillerée de levure :

Le premier pain ne contenait rien.

Le deuxième, 11 centigrammes de carbonate de magnésie.

Le troisième 11 décigrammes de carbonate de magnésie.

Le quatrième, 16 décigrammes.

Le cinquième, 21 décigrammes.

Après leur cuisson, les pains furent examinés,

Le premier semblait une galette ; il était mou et pâteux.

Le deuxième était amélioré.

Le troisième était supérieur, léger et poreux.

Le quatrième était encore mieux.

Le cinquième était supérieur par sa belle couleur et sa légèreté.

Cette fraude est moins dangereuse que la précédente, mais elle n'en a pas moins l'inconvénient d'introduire dans le corps un absorbant puissant qui, dans certaines circonstances, peut également troubler les fonctions digestives.

Voici un moyen propre à reconnaître le sous-carbonate de magnésie dans le pain :

On émiette le pain, après qu'on l'a fait sécher pendant deux ou trois jours; on le fait ensuite infuser dans de l'eau distillée, acidulée par l'acide sulfurique ou hydrochlorique; on le presse ensuite légèrement dans une toile, on filtre et l'on précipite par le sous-carbonate de potasse. Le précipité blanc obtenu et bien séché est, à peu de chose près, le sous-carbonate de magnésie additionné à la farine qui a servi à faire ce pain.

FRAUDE PAR LE SOUS-CARBONATE D'AMMONIAQUE OU DE POTASSE

En Angleterre, et peut-être même en France, quelques boulangers incorporent dans la farine de mauvaise qualité, dite *fleur-sure*, au moment de la pétrir, du sous-carbonate d'ammoniaque. Par la chaleur du four, ce sel est décomposé, et le gaz acide carbonique, ainsi que le gaz ammoniacal, et peut-être même ceux qui proviennent de sa décomposition, se dégagent en bulles, et, par ce moyen, soulèvent ou boursouflent beaucoup la pâte, ce qui rend alors le pain léger et très poreux. Comme il est démontré que le sous-carbonate d'ammoniaque est volatilisé pendant la cuisson du pain, cette fraude n'offre donc aucun inconvénient.

D'autres carbonates alcalins, ceux de potasse et de soude, semblent aussi avoir été mis en usage, probablement dans le but de retenir plus longtemps l'humidité dans le pain, ou d'en augmenter la légèreté par le dégagement de l'acide carbonique.

FRAUDE PAR LE PLATRE, LA CRAIE, LA TERRE DE PIPE, ETC.

Ces fraudes sont heureusement très rares. Les marchands de farine peuvent cependant se les permettre pour en augmenter le poids. On peut reconnaître la première fraude en brûlant le pain dans un creuset, et examinant les cendres qui en proviennent. La deuxième est facile à reconnaître, en traitant les miettes de ce pain par l'eau distillée, acidulée par l'acide hydrochlorique qui dissout la chaux, l'un des constituants de la craie : on filtre la liqueur et l'on y verse de l'oxalate d'ammoniaque, qui la rend aussitôt laiteuse et y forme un précipité d'oxalate de chaux, dont le poids sert à déterminer celui de la craie mêlée à la farine.

FRAUDE PAR LE SULFATE DE CUIVRE

La consternation dans laquelle venaient d'être plongés les habitants de plusieurs villes des départements septentrionaux en apprenant, il y a une cinquantaine d'années, que l'ignorance, ou plutôt la cupidité avait porté beaucoup de boulangers à introduire du *vitriol bleu* dans le pain qu'ils fabriquaient ayant éveillé de toutes parts l'attention des autorités, M. J. Derheims fut invité par elles à bien vouloir faire quelques expériences tendant à découvrir la substance malfaisante dans plusieurs pains saisis par la police.

Voici le rapport que ce pharmacien a rédigé, après plusieurs expériences, et tel qu'il fut transmis au ministère de l'intérieur (1) :

« Dans ce travail, qui est loin sans doute d'être complet, j'ai, dit M. Derheims, recherché le *mode d'agir* du deuto-sulfate de cuivre dans la panification ; j'ai tâché ensuite de déterminer quelle est la quantité (en *proportions décroissantes*) que les investigations chimiques permettent de découvrir de ce sel dans le pain, ou, en d'autres termes, jusqu'à quel chiffre de *décroissance* on peut apprécier la présence du deuto-sulfate de cuivre dans la pâte cuite après avoir subi la fermentation panaire.

« Il est facile de reconnaître, quelque minime qu'en soit la quantité, la présence du deuto-sulfate de cuivre en solution ; mais ici il ne s'agit pas d'opérer directement sur une solution saline cuivreuse ; en effet, on ne sait pas encore au juste ce que devient le deuto-sulfate de cuivre dans la panification, et bien que nous nous soyons assurés qu'on retrouve encore du cuivre dans le pain, à l'état de sulfate quand on a employé ce sel en quantité un peu notable, nous n'en ignorons pas moins encore s'il subit ou non une décomposition totale quand il est employé en petite quantité.

(1) On a cru devoir s'abstenir de transcrire quelques détails sur les dangers de l'usage du pain dans lequel on fait entrer le sulfate de cuivre.

« D'après la déposition de plusieurs boulangers prévenus d'avoir employé le deuto-sulfate de cuivre, on ne fait usage de ce sel que dans le but de prolonger la durée, ou de provoquer cette sorte de gonflement intestin qu'éprouve la pâte fraîchement préparée, effet d'une véritable réaction physique, que plusieurs chimistes de nos jours qualifient encore de réaction chimique en la nommant fermentation panaire, ou, pour me servir de l'expression des boulangers eux-mêmes, ils emploient le vitriol pour faire *lever la pâte* et l'empêcher de retomber.

« Certes si la pâte que fabriquent certains boulangers n'était formée que de *fécule*, de *gluten*, de *sucre-gommeux* et de ligneux, dans les proportions qui constituent le bon froment, ou, ce qui revient au même, si la farine employée par eux était de froment sain et pur, il est évident qu'il serait inutile d'y ajouter rien d'étranger, la réaction panaire devant, dans cette circonstance, s'opérer naturellement au moyen du peu de ferment qu'on y ajoute toujours. Ici il n'en est pas de même ; la plupart des farines dans lesquelles on ajoute du sulfate, de l'aveu même des boulangers, ne sont que des mélanges en proportions variées, de froment, de fèves, de pois, de haricots, peut-être de fécule de pomme de terre, ce qui fait concevoir que l'agent principal de la réaction panaire, le gluten, étant, dans ces mélanges, très éloigné des proportions qu'il apporte à la somme des farines pures, il faut nécessairement quelqu'autre principe pour le remplacer, ce qui établit la raison pour laquelle des boulangers indélicats et cupides emploient le deuto-sulfate de cuivre.

« Le pain, dans les temps de disette, a souvent été l'objet de dangereuses falsifications ; le sable, le plâtre, la craie, la céruse sont quelquefois entrés dans cet aliment de tous les jours ; mais comme l'intention des fabricants n'était là que d'augmenter le poids du pain, ces diverses substances y étaient ajoutées en grande quantité, et ne pouvaient par conséquent échapper aux investigations de la science. Le sous-carbonate de potasse a encore été ajouté à la farine, dans le dessein de favoriser le gonflement de la pâte ; l'hydrochlorate de soude y est constamment mis dans le même but. L'alun enfin y a été mélangé afin de rendre le pain plus blanc ; et, à cette occasion, j'ai ouï dire quelque part, par M. Orfila, je pense, qu'un boulanger de la capitale qui employait ce sel, y ajoutait une certaine quantité de jalap pour en mitiger les propriétés astringentes.

« Je reviens à mon sujet. Diverses hypothèses peuvent être hasardées pour la résolution de cette question : *Quel est le mode d'agir du deuto-sulfate de cuivre sur la pâte panaire ?* L'hypothèse la plus naturelle est celle qui a pour principe la réduction du métal et le dégagement, à travers la masse, des fluides aériformes résultant de la décomposition de l'acide sulfurique du sulfate : toute satisfaisante qu'elle paraisse, elle n'est pas moins peu soutenable, si l'on s'en rapporte aux propriétés des sulfates de la quatrième section ; on sait en effet que l'affinité réciproque de l'*oxyde base* et de l'*acide* des sulfates de cette section, ne peut être vaincue par la chaleur.

« La seconde hypothèse a pour objet la réaction du sulfate de cuivre sur les fécules. Les solutions salines possèdent en effet, à un degré plus ou moins élevé, la propriété de favoriser la combinaison du gluten avec l'eau et la fécule, de donner par conséquent du *liant* à la pâte et une certaine consistance. L'on conçoit alors que l'acide carbonique, produit du ferment essentiel à la réaction panaire, soulèvera d'autant plus cette pâte, que celle-ci sera *liée*, sera consistante et homogène, en raison des obstacles apportés à l'issue du gaz par cette consistance, par ce *liant*.

« Quoique plus rationnelle que la précédente, cette théorie n'est pas moins susceptible de controverse; car il faut bien faire cette observation, que la combinaison du gluten et de la fécule, favorisée par les solutions salines, ne s'opère qu'après un contact longuement prolongé. Dans la circonstance actuelle, au contraire, le soulèvement de la masse a lieu, comme on le verra dans l'exposé de mes expériences, immédiatement après l'addition du sulfate de cuivre dans la pâte, et c'est sans doute là le plus puissant motif de l'emploi de ce sel, le boulanger n'a presque pas à pétrir sa pâte, et s'épargne ainsi du temps, de la fatigue, en économisant, qui plus est, son *ferment* ou levure, fort rare et fort cher dans certaines saisons.

« Mais l'explication la plus raisonnable, la plus en harmonie avec les lois chimiques, nous la tirerons d'une observation de M. Vogel, de Munich. Ce chimiste, dans un mémoire qu'il a lu à la Société d'Histoire naturelle de Berlin, a prouvé que les corps organiques, en contact avec les sulfates, décomposent constamment ces sels, c'est-à-dire dans la circonstance favorable (*corpora non agunt nisi sint soluta*). Déjà, comme on le sait, M. Dœbreyner à l'étranger, MM. Longchamp et Chevreul en France, s'étaient occupés de ces objets et avaient fait des remarques essentielles sur la réaction de *certains* sulfates avec les corps organiques. Je sais bien cependant que la décomposition des sulfates dans les circonstances rapportées par ces chimistes, ne s'est effectuée qu'après un contact longtemps prolongé ; mais il n'est point paradoxal non plus d'admettre en faveur de mon hypothèse que les sulfates peuvent se décomposer avec plus de facilité quand ils sont mis en contact avec des corps organiques au moment précis où ceux-ci se décomposant leurs éléments ultimes se dissocient. Mon hypothèse est donc fondée là-dessus, je vais la corroborer en me servant de mes propres expériences.

« J'ai fait dissoudre 1 décigramme de deuto-sulfate de cuivre dans une quantité d'eau convenable pour former avec de la farine 500 grammes de pâte qui fût, à la manière ordinaire, préparée avec le ferment. Je pesai ensuite 500 autres grammes d'une pâte semblable, sans autre addition de deuto-sulfate. Enfin, 500 grammes encore de même pâte, contenant aussi 1 décigramme de sulfate, furent pétris avec quelques gouttes de gaz ammoniac dissous.

« Trois capsules ou moules en fer-blanc furent exactement remplis avec ces différentes pâtes préparées avec la même farine, simultanément, dans le même lieu, par conséquent à la même influence des agents extérieurs. Ces capsules, d'égale capacité, contenaient donc chacune le même volume de masses ; pesées, ces masses n'offraient que de légères fractions de gramme dans leurs poids comparatifs.

« L'on va voir par le tableau suivant comment ces différentes masses panaires, parfaitement azymes qu'elles étaient se sont comportées comparativement, après avoir été placées dans un temps égal, rigoureusement chronométrique, dans les mêmes circonstances, c'est-à-dire exposées à une température de 220 degrés, sous la même pression barométrique et la même influence hygrométrique.

1° Pâte franche de froment	2° Pâte contenant le deuto-sulfate de cuivre	3° Pâte contenant le deuto-sulfate de cuivre et l'ammoniaque
1° Au bout de dix minutes, soulèvement de la masse, dont la partie supérieure est 1 millimètre environ au-dessus des bords de la capsule. 2° Soumise à l'action de la chaleur du four, après la cuisson, pain de bel aspect, yeux petits, mie jaunâtre, croûte ferme, peu poreuse.	1° Après cinq minutes, soulèvement ; dix minutes, la pâte saillante de plus de 7 millimètres au-dessus des bords de la capsule. 2° Soumise à la même action, la pâte cuite présente un pain beaucoup plus volumineux, yeux plus grands, croûte ferme.	1° Au bout du même temps, rétraction bien marquée ; dix minutes, léger gonflement, presque inappréciable. 2° Soumise à la même action, même volume et même aspect que le pain sulfaté sans ammoniaque.

« L'on voit par ce tableau, que le soulèvement de la masse panaire s'est manifesté plus vivement dans la pâte sulfatée que dans celle qui ne l'était pas.

« M. Vogel a établi, d'après ses recherches, que constamment les sulfates se décomposent par leur contact avec des substances organiques ; que, constamment dans cette décomposition, il y a production d'acide hydrosulfurique ; c'est donc à cet acide que nous ferons jouer le rôle principal pour expliquer notre théorie, en disant que le dégagement en a lieu avant celui des fluides qui résultent de la fermentation panaire proprement dite ; en effet, la masse sulfatée a acquis au bout de dix minutes un volume considérable, tandis que la masse simple n'a presque pas augmenté de volume après ce temps. Ce qui vient à l'appui encore de la décomposition du sulfate et de la production de l'hydrogène sulfuré. c'est que si l'on plonge une lame mince d'argent dans la pâte avant que celle-ci ne soit soumise à l'action de la chaleur du four, cette lame se sulfure et devient jaune, ce qui n'arrive pas dans la pâte franche.

« Tout porte donc à croire, en résumé, que le pain dans la composition duquel on aura fait entrer, en quelque légère proportion que ce fût, du deuto-sulfate de cuivre, doit son volume et sa porosité au dégagement de l'acide hydrosulfurique ; et, par suite, aux acides carbonique et acétique, produits de la fermentation panaire, ainsi qu'au dégagement d'un peu d'alcool.

« Si nous cherchons maintenant à nous expliquer ce que devient le deutoxyde de cuivre mis à nu, nous serons conduits à admettre, en nous rendant compte des résultats de la fermentation panaire, que l'acide acétique formé se combine avec le deutoxyde pour former un deuto-acétate de cuivre.

« Exposons maintenant les expériences que nous avons tentées pour reconnaître la présence d'un sel de cuivre dans le pain.

« Nous avons préparé un pain de 500 grammes avec 3 décigrammes de deuto-sulfate de cuivre ; ce qui fait que le sulfate est ici, par rapport à la pâte, dans les proportions de 6 sur 9.216. Ce pain bien cuit et desséché fut réduit en poudre et traité à chaud par l'eau distillée qui, refroidie, offrit un liquide louche lequel, par le repos, devint translucide ; ce liquide fut filtré et mêlé à deux fois son poids d'alcool à 84 degrés centésimaux pour en précipiter toute la fécule dissoute ; filtré de nouveau, il fut soumis à l'ébullition jusqu'à ce qu'il ne marquât que faiblement à l'aréomètre. Pour déterminer alors la présence du cuivre à l'état de sulfate dans ce liquide, nous en avons traité une partie par l'eau de baryte qui n'a produit aucun précipité, d'où nous avons inféré que la somme du sulfate employé a été décomposée.

« Le restant du liquide a été ensuite traité par parties et successivement avec l'ammoniaque, l'hydrocyanate-ferruré de potasse, l'acide hydrosulfurique, l'arsénite de potasse et le phosphore ; il a constamment donné des résultats qui permettent d'assurer la présence du cuivre (1).

« D'après les assertions des boulangers qui ont employé le sulfate de cuivre, ils ont fait usage de ce sel de la manière et dans les proportions suivantes : ils ont fait dissoudre 32 grammes de deuto-sulfate de cuivre dans un litre, 1 kilogramme d'eau environ ; ils ont mis 32 grammes de cette solution dans 90 kilogrammes de farine, à quoi ils ont ajouté un peu de levure ordinaire et 20 à 25 litres d'eau, ce qui leur a donné 110 kilogrammes de pain cuit. Ainsi nous établissons pour le calcul que le sulfate de cuivre employé est dans les proportions de 9 décigrammes pour 110 kilogrammes de pain ; et, si nous tenons compte de la constitution atomique du sel dans lequel l'eau entre pour 36/100, nous verrons que la somme réelle d'acide sulfurique et de deutoxyde de cuivre présente un total de 14,68/100, 2,025,250 de pâte cuite.

« Dans la supposition basée sur la décomposition du sulfate et la formation d'un deuto-acétate de cuivre, que l'on envisage la minime quantité de ce sel produit, en songeant que les proportions de l'acide sulfurique dans le deuto-

(1) La non présence de sulfate dans le liquide prouve encore en faveur de cette théorie ; si les sulfates n'étaient pas décomposés par la réaction panaire, on retrouverait au moins dans le liquide la présence sinon du sulfate de cuivre, au moins celle des sulfates contenus dans les eaux employées pour faire le pain.

sulfate sont, par rapport à la base, comme 100 est à 99,26, et que l'acide acétique n'est dans l'acétate que dans celles de 25,98, pour 65,25 d'oxyde.

« Quoi qu'il en soit de la décomposition du sulfate de cuivre dans l'acte panaire, voyons maintenant jusqu'à quelle dose en moins on peut retrouver le cuivre dans le pain.

« Un pain de 500 grammes contenant 5 décigrammes de sulfate de cuivre, a été incinéré par parties dans un creuset de porcelaine ; la cendre, lavée jusqu'à épuisement de matières solubles, a été traitée par parties avec l'acide sulfurique. L'eau de lavage fut soumise alors par fractions aux réactifs suivants :

« L'hydrosulfate de potasse. — Production de couleur bleue très peu appréciable et ne le devenant que par la comparaison du liquide avec l'eau distillée ; au bout de quelques heures, très léger précipité brun.

« L'ammoniaque. — Production de couleur bleue plus prononcée.

« L'hydrocyanate ferruré de potasse. — Liqueur troublée sensiblement ; production de précipité léger rouge-marron.

« Ces essais sont suffisants, je pense, pour prouver la présence du cuivre.

« L'acide sulfurique, menstrue du traitement secondaire de la cendre, a été, après avoir été étendu dans l'eau distillée, traité par les mêmes réactifs et par le phosphore, et n'a donné aucun indice de la présence du cuivre, ce qui prouve encore que tout l'oxyde du métal s'est recombiné avec l'acide acétique, et que le deuto-acétate qui en est résulté s'est entièrement dissous dans l'eau.

« 15 milligrammes de deuto-sulfate de cuivre ont été dissous et pétris avec 500 grammes de pâte : le pain cuit a été calciné à blanc ; la cendre a été traitée aussitôt par l'eau distillée, et le ré-sidu par l'acide sulfurique ; le tout réuni fut éva-poré à siccité et fournit pour produit une poudre blanchâtre : cette poudre, additionnée d'un peu de charbon de tilleul, a été calcinée dans un creu-set et placée ensuite par petites portions à la dis-tance focale de l'objectif d'un microscope com-posé. Un examen oculaire attentif de cette poudre ne m'a pas permis d'y reconnaître la moindre trace métallique.

« Une autre portion de cette poudre, traitée ensuite par l'acide sulfurique et cet acide mis en contact avec le phosphore, j'ai observé une ma-nifestation palpable de la présence du cuivre qui s'est précipité sur divers points de la surface de ce réactif.

« Enfin, la même expérience, répétée sur du pain qui ne contenait que 7 milligrammes de sul-fate pour 500 grammes de pâte, n'a donné aucun résultat qui puisse faire présumer la présence du cuivre. Il est donc évident qu'employé à une très petite fraction, le sulfate de cuivre ne peut être retrouvé même à l'état de cuivre.

« Voyons maintenant si les boulangers mis en contravention mettaient dans leur pain une quantité de sulfate capable d'en laisser apercevoir le cuivre.

« Un des pains saisi m'a été remis par l'autorité, un de ceux qui, au dire de l'individu chez lequel la saisie a été faite, avait été préparé par le sulfate de cuivre. Ce pain coupé transversalement était blanc-jaunâtre et offrait un centre humide. qui présentait des traces de moisissure de diverses couleurs. Traité comme je l'ai fait pour les pains préparés pour mes expériences, il n'a offert que des résultats négatifs.

« D'autres pains saisis et traités de même n'ont pas donné de résultats plus susceptibles de faire inférer qu'ils contenaient du cuivre. Cependant je suis loin de penser que le sulfate n'y a été mis que dans les proportions désignées par les boulangers prévenus de l'emploi de cette substance : en effet, d'après nos expériences, ce n'est guère que dans les proportions de 1 pour 10.216, que le cuivre peut être rendu sensible aux réactifs; or, entre cette proportion 2.025.520 pour 15, et celle-ci : 10.216 pour 1, il y a juste le milieu de ces deux sommes 153.240 — 10.216. »

M. F. Kulhmann, qui a étudié avec un soin tout particulier la question de l'introduction dans le pain de diverses matières plus ou moins délétères, telles que le sulfate de cuivre, l'alun, le sulfate de zinc, le sous-carbonate de magnésie, etc., a publié, il y a quelques années, sur ce sujet qui intéresse à un si haut point la santé publique, un Mémoire rempli d'expériences exactes et dont nous extrayons ce qui suit :

« On ignore, dit M. Kulhmann, l'origine de l'emploi du sulfate de cuivre dans la boulangerie ; mais il paraît qu'il a été pratiqué en Belgique depuis un grand nombre d'années, ainsi que dans le Nord, et dans quelques autres parties de la France. Les avantages qu'en retirent les falsificateurs sont en grand nombre. Ils y trouvent la facilité d'employer des farines de qualité médiocre et mélangées ; ils ont moins de main-d'œuvre. La panification est plus prompte, la mie et la croûte sont plus belles. Enfin ils trouvent l'avantage de pouvoir employer une plus grande quantité d'eau.

« D'après les renseignements que j'ai obtenus près de quelques boulangers, la quantité de sulfate de cuivre employé est très faible. L'on mettait dans l'eau destinée à la préparation d'une cuisson de 200 pains d'un kilogramme, un verre à liqueur plein d'une dissolution contenant 30 gr. de sulfate de cuivre pour un litre d'eau. Un autre n'employait qu'une tête de pipe pleine de cette dissolution.

« Si des quantités de sulfate de cuivre aussi minimes que celles qu'on vient d'indiquer, étaient réparties uniformément dans la masse du pain, aucun inconvénient prochain n'en résulterait peut-être pour une personne en bonne santé ; mais à la longue les effets nuisibles se manifesteraient. Sur des constitutions affaiblies, les effets seraient plus prompts. Enfin chacun comprend le danger de l'emploi frauduleux d'un agent aussi vénéneux, mis aux mains d'un garçon boulanger, dont l'inexpérience ou la maladresse peuvent occasionner les accidents les plus graves. On ne saurait donc sévir avec trop de rigueur contre l'introduction dans le pain des plus minimes quantités de ce poison.

« S'il est urgent de punir sévèrement un délit aussi grave, il n'en est pas moins essentiel d'étudier avec soin les moyens que la science peut nous fournir pour en constater l'existence.

« Le cuivre étant un des corps dont la présence se reconnaît par les moyens analytiques les plus précis, l'examen d'un pain suspect de contenir du sulfate de cuivre, semble d'abord ne présenter aucune difficulté. Le contact immédiat d'une dissolution d'ammoniaque, d'hydrogène sulfuré, de prussiate de potasse, devrait pouvoir détruire toute incertitude.

« Mais si l'on considère dans quelle faible proportion ce sel vénéneux est employé habituellement, il sera facile de concevoir que ces sortes de recherches réclament des procédés analytiques plus longs. Toutefois, l'action du prussiate de potasse se manifeste déjà, lors même que le pain ne contient qu'une partie de sulfate sur environ neuf mille de pain, par une couleur rose produite presque immédiatement, quand on opère sur du pain blanc, car cette nuance ne serait pas reconnaissable sur du pain bis.

« Ce procédé, utile seulement dans quelques circonstances, ne pouvant servir qu'à déterminer de très minimes quantités de sel cuivreux que le pain peut contenir, M. Kulhmann a eu recours à la méthode suivante, qu'il a employée dans les recherches les plus délicates, et qu'il a mise plusieurs fois à l'épreuve en introduisant lui-même, dans du pain des quantités infiniment petites de sulfate de cuivre ; une partie sur soixante-dix mille, par exemple, ce qui représente une partie de cuivre métallique sur près de trois cent mille parties de pain.

« On fait incinérer complètement dans une capsule de platine 200 grammes de pain. Le produit de l'incinération, après avoir été réduit en poudre très fine, est mêlé dans une capsule de porcelaine avec 8 ou 10 grammes d'acide nitrique. Ce mélange est soumis à l'action de la chaleur jusqu'à ce que la presque totalité de l'acide libre soit évaporée, et qu'il ne reste qu'une pâte poisseuse qu'on délaie dans environ 20 grammes d'eau distillée, en facilitant la dissolution par la chaleur. On filtre et on sépare ainsi les parties inattaquées par l'acide, et dans la liqueur filtrée on verse un petit excès d'ammoniaque liquide et quelques gouttes de dissolution de sous-carbonate d'ammoniaque. Après refroidissement, on sépare par le filtre le précipité blanc et abondant qui s'est formé, et la liqueur alcaline est soumise à l'ébullition pendant quelques instants pour dissiper l'ammoniaque et la réduire au quart de son volume. Cette liqueur étant rendue légèrement acide par une goutte d'acide nitrique, on la partage en 2 parties ; sur l'une on fait agir le prussiate de potasse ; sur l'autre l'acide sulfhydrique ou le sulfhydrate d'ammoniaque.

« En suivant ponctuellement ce procédé, le pain ne contint-il que 1/70000 de sulfate de cuivre, la présence de ce sel vénéneux sera rendue apparente au moyen du premier réactif par la coloration immédiate du liquide en rose et la formation, après quelques heures de repos d'un léger précipité cramoisi. L'action de l'acide sulfhydrique ou du sulfhydrate d'ammoniaque communiquerait au liquide une couleur légèrement foncée avec formation par le repos d'un précipité brun moins volumineux, toutefois, que le précipité par le prussiate de potasse. »

ESSAI DU PAIN

La plupart des falsifications qui déprécient le pain ont été effectuées sur la farine qui a servi à le fabriquer, par conséquent les moyens que nous avons fait connaitre dans le chapitre destiné à découvrir les falsifications dans les farines, et les instructions pour constater les matières introduites frauduleusement dans le pain que nous donnons dans le présent chapitre, doivent suffire pour opérer l'analyse de cette matière ; seulement nous ajouterons que ce travail de recherche doit principalement porter sur la mie qui, ayant été moins attaquée par la chaleur du four que la croûte, permet plus aisément d'y rechercher les principes immédiats qui la composent.

Il est important de savoir, dans les essais du pain, qu'un pain mélangé à dessein de son, absorbe beaucoup plus d'eau qu'à l'ordinaire, et par conséquent que la fraude est doublée, Wetzel et Haus admettent que chaque quantité de 1 pour 100 de son ajouté correspond à une proportion d'eau de 1 pour 100 qui serait absorbée en plus.

MALADIES DU PAIN

Le pain peut être altéré dans sa qualité, ses propriétés et son aspect, par des matières qui n'y ont pas été introduites par la fraude, mais qui se sont trouvées mélangées à la farine, soit par incurie des cultivateurs ou des meuniers, soit par le développement ou la présence de quelques êtres organiques encore peu étudiés et imparfaitement connus. Nous indiquerons ici quelques-unes de ces maladies.

Pain attaqué de la moisissure rouge. — Les administrations chargées de la subsistance de l'armée, de la marine et des hospices ont été grandement effrayées, vers 1840, par l'apparition d'un champignon vénéneux, jusqu'alors inconnu, qui se développait sur le pain, et auquel on a donné le nom d'*oïdium aurantiacum*, et qui menaçait les populations d'un désastre redoutable.

C'est surtout en 1843 que le champignon apparut et fut l'objet de recherches intéressantes. On l'attribua à la mauvaise qualité de certains blés, à une dégénérescence particulière du grain produite par une cause inconnue.

M. Besnon, qui avait été chargé par l'administration municipale de Brest et de Cherbourg de faire des études à ce sujet, a consigné le résultat de ses expériences dans plusieurs mémoires qu'il a intitulés : *Recherches sur les causes de la production de l'oïdium aurantiacum, ou moisissure rouge qui se développe sur le pain.* L'auteur conclut de ses recherches :

1° Que l'*oïdium aurantiacum* ne provient pas du grain ni du levain, et qu'il est un produit de l'altération du pain lui-même ;

2° Que c'est à un excès d'eau dans le pain, à une mauvaise fermentation, à une cuisson trop prompte, faite dans le but de *saisir* le pain au four, en un mot que c'est à une fabrication vicieuse, coupable, ayant pour objet d'augmenter le poids et la proportion d'eau du pain, qu'il faut attribuer le développement de l'*oïdium aurantiacum* ;

3° Que tous les pains, lorsqu'on les a humectés fortement, peuvent donner naissance à l'*oïdium aurantiacum.*

Pain rouge violacé. — M. A. Poirier, de Loudun, en soumettant à un examen chimique un pain dont la mie offrait une couleur rouge violacé avec croûte brune, et qui s'était recouvert en peu de temps de moisissures verdâtres, parmi lesquelles on reconnaissait de petits cryptogames jaune orangé pâle qui ont fourni au microscope les caractères de l'*oïdium aurantiacum*, a constaté que cette couleur violette était due à la présence du *melampyrum arvense* (scrofulariées), vulgairement appelé *rougeole* ou *blé de vache*, plante qui abonde dans les terres à blé qui sont négligées ou mal sarclées, et dont les semences, en se mélangeant au blé, passent dans la mouture et de là dans le pain. Un essai de panification avec la farine mélampyrée sert à constater cette introduction qui peut être très nuisible à la santé.

Pain coloré en noir. — En 1846, M. Poggiale, chargé de rechercher les causes de la coloration noire d'une certaine quantité de pains de munition fabriqués à la manutention, attribua ce phénomène à la présence d'animalcules microscopiques offrant tous les caractères des *bacterium* et se classant dans le premier groupe des *infusoires.*

Pain couleur de sang. — M. Ehrenberg a découvert, en 1848, que le pain qui prend quelquefois une couleur rouge de sang qui avait déjà été observée par les soldats d'Alexandre le Grand pendant le siège de Tyr, doit cette coloration à un animal microscopique de la classe des infusoires, auquel il a proposé de donner le nom de *Tyria (Monas) prodigiosa.* Quelques naturalistes ont prétendu que c'était une algue du genre *Palmella,* ou d'un nouveau genre, mais l'opinion de Ehrenberg a prévalu.

Insecte qui dévore le pain. — Il existe un coléoptère qui détruit le pain, c'est l'*anobium paniceum* qui dévore aussi la *monas prodigiosa* sans paraître en être affecté, mais est moins avide des parties rouges que des autres. La poudre du *pyrethrum persicum* tue bien ces insectes mais non pas leurs œufs qui se développent très bien par la suite. Enfin une torréfaction énergique et répétée ne suffit pas toujours pour empêcher ces insectes de reparaître.

PAIN DE GRAIN ERGOTÉ

Pain de grain ergoté. — Les grains ergotés peuvent donner lieu à de si graves accidents, que nous croyons devoir, en terminant ce chapitre, reproduire l'instruction relative à ces grains, qui a été publiée par M. Payen.

« La maladie des grains, que l'on désigne sous le nom d'*ergot*, est évidemment due à une production cryptogamique.

« Elle affecte ordinairement le seigle et le maïs en certaines localités et sous l'influence d'une saison chaude et humide ; parfois on l'observe aussi sur les blés.

« La consommation des grains ergotés peut occasionner des accidents graves aux hommes et aux animaux.

« Cependant il serait fâcheux que les bons grains, qui se trouvent en forte proportion dans les seigles, les maïs et le froment affectés d'ergot, fussent perdus comme substances alimentaires.

« Voici les caractères auxquels on reconnaît la présence de l'ergot, les accidents qu'il peut occasionner, et les moyens d'en débarrasser les grains.

« *Caractère de l'ergot.* — Il est très facile de reconnaître les épis affectés d'ergot ; plusieurs des grains y sont remplacés par une substance brun violacé, presque noire, d'un plus gros volume, ayant une forme plus allongée, souvent recourbée, cassante, offrant à l'intérieur une masse grisâtre. On distingue encore l'ergot lors même qu'il n'a pas atteint un volume plus gros que le grain ou qu'il est cassé en plusieurs fragments, non seulement à sa coloration externe brun foncé, mais encore à sa légèreté plus grande ; il surnage dans l'eau, tandis que les bons grains tombent au fond.

« *Effets de l'ergot dans l'alimentation.* — L'action nuisible ou même délétère de l'ergot est d'autant plus dangereuse, que ses proportions sont plus fortes : 1/8 à 1/10 dans le pain a pu occasionner parfois de très grands accidents, déterminer la gangrène et la perte des membres.

« L'action toxique des grains ergotés est souvent plus énergique encore sur les animaux que sur les hommes.

« Des accidents graves, rapidement mortels, se sont manifestés lorsque l'on a donné aux animaux des grains mêlés d'ergot provenant du nettoyage des grains.

« Il se produit des gangrènes comme chez l'homme, mais plus rapidement et avec des circonstances extraordinaires.

« Chez les poules, les phalanges des doigts se détruisent et tombent successivement ; le bec même se détache ; chez les porcs, les ongles se séparent et l'animal dépérit.

« On ne saurait donc prendre trop de précautions pour prévenir l'emploi des grains ergotés et de leurs produits (farines, pains, remoulages et sons) dans la nourriture des hommes et des animaux.

« *Précautions à prendre pour éviter les dangers que présentent les grains ergotés.* — On peut éviter les inconvénients et les dangers de l'ergot, à l'aide d'un nettoyage convenable des grains affectés de cette maladie.

« Il n'est pas difficile ni souvent trop dispendieux d'éplucher le blé à la main en le faisant passer sur une table, comme cela se pratique sur les blés de semence, et de le débarrasser ainsi de tout l'ergot qu'il contient.

« On obtient un criblage soigné avec un crible percé de trous qui laissent passer le bon grain pour retenir la presque totalité de l'ergot, en raison de son plus fort volume ; ce qui aurait pu passer avec le grain est facilement éliminé au moyen du vannage ; l'ergot étant plus léger sera incinéré, tandis que le bon grain reste.

« A défaut de crible, on peut, par un simple sassage, faire venir à la superficie du grain l'ergot, et l'enlever par une sorte d'écumage. En tout cas et avant la mouture, un nettoyage énergique du grain à l'aide du tarare ventilateur achève d'éliminer l'ergot et ses débris, en raison de sa plus grande légèreté.

« Ces différents modes de nettoyage sont peu dispendieux ; ils peuvent souvent même procurer un certain bénéfice, car l'ergot extrait se vend, pour les besoins de la médecine, depuis 1 fr. 50 le kilog. jusqu'à 5 francs, suivant que l'année est plus ou moins favorable à sa production ; mais comme on le voit, à un prix toujours beaucoup plus élevé que celui du froment et du seigle. »

CHAPITRE IX

De la fabrication des différentes espèces de pain et de biscuits

On trouve, en général, fort peu de détails dans les ouvrages qui traitent de la boulangerie, sur la fabrication des différentes espèces de pain, et cependant chacune d'elles exige des proportions et des manipulations différentes qu'il est utile au praticien de connaître et principalement aux personnes dans les campagnes qui, sans exercer la profession de boulanger, fabriquent elles-mêmes leur pain ou le font fabriquer sous leurs yeux. Nous croyons donc être agréables à nos lecteurs en leur présentant un exposé sommaire des différentes manutentions qu'exigent les diverses espèces de pain. Nous avons, à cet égard, eu recours, en grande partie, à l'expérience d'un habile praticien, M. S. Th. Frank, qui a longtemps exercé la profession de boulanger à Vienne, en Autriche, où l'on sait que l'art de la fabrication du pain est très perfectionné, et dont nous avons déjà eu occasion de citer le nom avec éloge, et aussi à celle de M. Majat.

Avant de donner les formules que ces messieurs ont indiquées, nous devons prévenir que les boulangers de Vienne travaillent, en général, avec de la levure de grains, ainsi qu'avec du levain de chef, ou bien avec une espèce de levain de première, qu'ils fabriquent ainsi qu'il suit, et que nous nommerons *levain viennois.*

PAIN VIENNOIS

Dans la *panification viennoise*, la *levure* remplit un rôle très important, et celle qui convient le mieux est la *levure de grains*, de couleur blanche et d'une longue conservation, même pendant les chaleurs de l'été.

Les farines à employer sont : farines de gruau de Hongrie, farine de seigle de Hongrie, farine de gruau français, farine ordinaire française, farine de maïs, farine de gluten.

Dans ce genre de panification on n'emploie généralement que la farine de gruau de Hongrie n° o.

Pour la pâte à *croissants*, le gruau de Hongrie doit être employé absolument pur. Pour les pains de gruau ou *pains riches*, on pourra faire un mélange de 2/3 de gruau de Hongrie et 1/3 de gruau français, mais en cas d'insuffisance de gruau de Hongrie seulement, cette dernière farine, absolument pure, devant toujours être préférée.

Pour la pâte à pain demi-gruau, ou *pain llemand*, et pour celle à *pain anglais*, on mélangera 3/4 de farine ordinaire française avec 1/4 de gruau de Hongrie.

Dans les paragraphes suivants sont traitées les farines autres que celles indiquées ci-dessus, avec leur emploi respectif ; il en sera de même pour le mélange de la pomme de terre et de la farine dans le *pain anglais.*

On appelle, en boulangerie, *levain viennois* celui employé pour la pâte à croissants, et *pouliche* ou *poliche* celui qui sert à la confection du pain riche, du pain anglais et du pain allemand.

Les indications suivantes concernant le travail fait par un temps ordinaire, il faudra donc, bien entendu, se conformer à la température et doser la levure en conséquence.

Pâte à croissants

Étant donné que l'on veuille faire la quantité de deux litres de *pâte à croissants.*

On pourra opérer de deux manières pour la fabrication de cette pâte : soit avec levain, soit sans levain. Nous conseillons cependant de faire un levain, ce qui donnera un travail plus régulier et, partant, de plus beaux croissants, à la condition essentielle de ne pas laisser trop fermenter ce levain.

Voici la manière d'opérer : prendre le quart du lait à employer, c'est-à-dire un demi-litre que l'on fera tiédir ; délayer 50 grammes de levure et avec cette solution faire un pétrissage de la consistance d'une pâte douce. Déposer cette pâte ou levain dans un coin du pétrin en restreignant l'espace avec la planche à fontaine ; saupoudrer ledit levain avec une légère couche de farine. En 25 ou 30 minutes le travail de fermentation devra avoir produit son effet ce qu'on remarquera facilement quand la force du ferment, rejetant la couche de farine déposée, formera des crevasses sur la surface du levain. Il faudra bien observer ce développement et prendre le levain juste à point.

(Si le levain est trop prêt, on aura une pâte morveuse ; si le lait a été coulé trop chaud, les croissants seront gris).

Couler alors sur le levain 1 litre et demi de lait, ajouter 60 grammes de sel, soit 30 grammes par litre. (Dans la pâte à croissants le sel s'emploie à plus forte dose à cause du beurre). Faire une pâte bâtarde ; le pétrissage opéré, étaler sur la pâte étendue 250 grammes de beurre, soit 125 grammes par litre et replier la pâte sur elle-même de sorte que la levure se trouve contenue intérieurement. Pour une plus grande quantité de pâte, on étalera le beurre en plusieurs couches, c'est-à-dire autant de fois la quantité de 250 grammes de beurre. Mettre la pâte sur une couche en toile ; l'exposer à la fraîcheur. Laisser fermenter de une heure et demie à deux heures, afin de laisser se produire la dilatation de la pâte. Procéder alors à la tourne des croissants.

Si l'on veut éviter de faire un levain, prendre simplement les deux litres de lait à employer, froid en été, tiède en hiver ; y délayer 50 grammes de beurre ; ajouter le sel et pétrir le tout. Étaler le beurre comme il est indiqué plus haut. Il faudra, en suivant ce procédé, laisser la pâte fermenter au moins trois heures.

En étalant le beurre comme il est dit ci-dessus, on aura toujours des croissants feuilletés. Si l'on veut obtenir des croissants dont le beurre ne soit pas apparent, il faudra mélanger le beurre en pétrissant.

Pour le dosage de la levure, il faut apporter la plus grande attention, car si l'on met trop de levure, le beurre se fondra entièrement dans la pâte par suite de la fermentation trop rapide. Par un temps ordinaire, on augmentera la levure à raison de 10 grammes par litre au-dessus de deux litres ; en hiver, on emploiera 100 grammes par 2 litres de coulage, et 10 grammes par litre supplémentaire.

Tourne des croissants

Avant de faire le découpage de la quantité de morceaux que l'on veut faire, il faut rompre la pâte. Cette opération faite, on découpe les morceaux de la grosseur jugée à propos.

Après avoir découpé et moulé autant de morceaux que l'on voudra faire de croissants, les laisser reposer quelques minutes, afin de faciliter l'allongement au rouleau. Les dits morceaux allongés, on procèdera ainsi qu'il suit à l'opération de la tourne.

Prendre le morceau aux deux extrémités, l'un avec la main droite, l'autre avec la main gauche qui, servant de soutien, restera immobile (la main droite tenue en avant, la gauche en arrière). Plier légèrement l'extrémité tenue par la main droite et faire rouler avec une légère pression de la paume de cette main vers l'extrémité tenue de la main gauche. La pâte étant très élastique, il faut nécessairement, en donnant la pression de la paume, faire un mouvement de va-et-vient en roulant le morceau de pâte afin de l'étendre à la longeur voulue.

Cette opération terminée, on donne alors la forme de croissant en mettant sur couche.

BRIOCHE MILANAISE OU FOUGASSE

Pour faire cette brioche, on se sert de la pâte à croissants, avant son mélange avec le beurre. Pour ce travail, prendre un kilogramme de pâte; ajouter 50 grammes de sucre, 100 grammes de beurre et un peu d'eau de fleur d'oranger; pétrir le tout et laisser fermenter le même temps que la pâte à croissants. Mouler les morceaux, les allonger légèrement avec les mains et les poser sur plaque les uns à côté des autres, de façon qu'ils se touchent.

Après la cuisson, les morceaux restant adhérents, on ne les détache qu'au fur et à mesure de la vente.

BRIOCHE VIENNOISE

Pour cette brioche, délayer dans un litre de lait, 50 gr. de levure ; ajouter 3 œufs, 30 gr. de sel, 20 gr. de sucre et 200 gr. de beurre. Pétrir et laisser fermenter 2 heures. On tourne en donnant différentes formes soit sur plaque, soit dans des moules spéciaux. Après la cuisson, on saupoudre avec du sucre. On peut y ajouter des raisins de Malaga ou de Corinthe.

PAIN D'AVOINE

La farine d'avoine n'est pas riche non plus en gluten, et, par conséquent, on peut lui appliquer les manipulations relatives à la farine d'orge, avec cette différence qu'il faut prendre une qualité de levain de chef encore plus considérable, par exemple 1^{kg},50 à 2 kilogrammes en plus, pour 50 kilogrammes de farine à panifier, et tirer de suite deux tiers de la farine pour le levain de première: laisser ce levain prendre tout son apprêt, puis procéder de suite au pétrissage avec le reste de la farine. Du reste, on manipule comme avec la farine d'orge.

Nous rappellerons ici qu'on peut, du reste, faciliter beaucoup la panification de la farine de seigle, d'orge et d'avoine, en y ajoutant des proportions plus ou moins considérables de gluten, tel qu'on le rencontre aujourd'hui dans le commerce, la moindre quantité de ferment suffisant pour ramollir le gluten et permettre son incorporation complète avec la pâte de ces céréales.

Dans l'Ardenne belge, la majeure partie des récoltes consistant en seigle, en avoine et en pommes de terre, les habitants y confectionnent leur pain de la manière suivante : ils mélangent deux doubles-décalitres de farine de seigle avec un double-décalitre de gruau d'avoine, et un double-décalitre, également de pommes de terre. Les quantités sont prises au volume et non au poids : moitié seigle, un quart gruau d'avoine et un quart pommes de terre.

Avant de livrer l'avoine au meunier, on la sèche au four, où on la met aussitôt que les pains sont tirés, et où on la laisse pendant 24 heures. C'est le moyen de détacher l'épicarpe, qui, sans cette précaution, adhère plus ou moins au grain et y reste, quoi que l'on puisse faire.

La pomme de terre est cuite à l'eau ou à la vapeur, puis bien écrasée, pour ne pas laisser de grumeaux avant d'opérer le mélange. Quelquefois aussi elle est simplement râpée crue et mélangée à la farine dans cet état. Le mélange se fait dans la main : premièrement, la farine de seigle et le gruau d'avoine, puis, ensuite, les pommes de terre.

Ce pain, bien fait, n'a rien de désagréable ; il peut être mangé avec un certain plaisir, même par les personnes qui n'y sont pas habituées, et la nombreuse population qui s'en nourrit exclusivement s'en trouve bien.

PAIN DE MÉTEIL

L'on sait que le méteil est un mélange de froment et de seigle, dans lequel celui-ci prédomine plus ou moins. Plus il y a de froment dans le mélange, plus la farine est sèche, la pâte longue et le pain beau. Plus il y a de seigle, plus, au contraire, la pâte et le pain se rapprochent de ceux que fournit cette dernière céréale. Il en résulte que la préparation du pain de méteil a besoin d'être modifiée suivant les proportions dans lesquelles entre chacun de ces éléments.

La meilleure proportion est celle de deux tiers farine de froment et un tiers farine de seigle.

« Lorsqu'il y a dans le mélange, dit Mutel, plus de froment que de seigle, on emploie pour faire la pâte, un levain moins fort que s'il y avait une plus grande proportion de seigle, l'eau doit aussi être un peu plus froide, et le pétrissage un peu plus prolongé ; enfin, l'apprêt peut être plus fort, et l'enfournement moins tardif. Au contraire, plus le seigle domine dans le méteil, plus il faut employer de levain, tiédir l'eau, pétrir longtemps la pâte, lui donner de la consistance, lui laisser prendre moins d'apprêt, chauffer davantage le four, enfourner plus tôt et cuire plus longtemps. »

Parmentier conseille, quand cela est possible, d'employer la farine de froment destinée à faire le pain dit de *méteil* à l'état de levain, et d'unir ensuite à l'eau tiède la farine de seigle pour en former une pâte consistante, qui doit rester d'autant plus au four que la dose de seigle est plus forte. Enfin, la fabrication de ce pain tient un juste milieu entre celle de froment et celle de seigle.

En parlant des qualités du pain de méteil, Parmentier s'exprime ainsi :

« On n'a pas suffisamment apprécié le mérite de cette composition de pain, et il serait à souhaiter que, dans les campagnes, on fît constamment entrer du seigle pour un quart, un tiers ou la moitié, dans le pain de froment. Le pain de méteil tient le premier rang après celui d'épeautre et de froment, et un avantage qu'on ne saurait lui contester, c'est de rester frais longtemps sans rien perdre de l'agrément qu'il a dans sa nouveauté, avantage précieux pour les habitants des campagnes, qui ne cuisent pas souvent. »

PAIN DE MAÏS

La farine de maïs manque aussi du liant nécessaire pour en faire seule du pain, c'est-à-dire qu'on n'y rencontre pas de gluten, et par conséquent que ce n'est que par son mélange avec une farine de céréale qu'on parvient à la panifier. Si on veut, avec cette farine, faire un pain de bonne qualité et mangeable, il faut, d'après notre expérience et notre pratique, la mélanger avec un tiers de bonne farine de froment ou la moitié de farine de seigle, et nous conseillerions volontiers de prendre plutôt moitié de farine de froment et 2/5 de seigle, afin de pouvoir la manipuler avec plus de sécurité.

Parmentier, Paret, Devilleneuve, Texier, Bonafous, Duchesne, Pallas, etc., s'accordent à dire que dans les pays où l'on cultive le maïs, on est dans l'usage, immédiatement après la récolte, de l'exposer sur l'aire d'une grange, de le suspendre au plancher ou autour des habitations, de l'exposer au soleil, ou bien de le faire sécher au four pendant 24 à 30 heures afin d'opérer la dessiccation, en ayant soin de ne pas trop élever la température du four, ce qui aurait pour effet d'altérer la qualité du grain et lui enlèverait ses propriétés germinatives. Cette dessiccation exige en outre une grande consommation de bois et une perte de temps très considérable.

M. Betz, à Ullay (Seine-et-Marne), s'est assuré par des expériences que le grain de maïs se composait de cinq parties : 1° l'enveloppe appelée gros ; 2° une pellicule noire qui recouvre le germe ; 3° le germe. Ces deux derniers principes étant, selon lui, très nuisibles à la qualité de la farine par le mélange intime qui s'opère sous la meule ; 4° la partie farineuse, blanche et légère ; 5° le gruau, partie la plus nutritive du grain. De cette analyse il est résulté pour lui que la dessiccation au four était un mauvais moyen qui avait pour résultat de torréfier la pellicule noire et le germe, parties qui devraient rester molles et qui, à la meule, se mélangent alors intimement à la farine et au gruau. Le vieux grain où le germe s'est desséché présente aussi, après quatre mois, ce même inconvénient, ce qui lui a suggéré le moyen suivant :

Il fait sécher son maïs par les moyens indiqués plus haut, excepté la dessiccation par le feu. Mais lorsqu'on veut, à mesure des besoins, convertir son grain en farine, on l'égrène et on le jette dans une cuve remplie d'eau, pendant un temps qu'on règle sur celui qui s'est écoulé depuis la cueillette. On retire le grain, on le met égoutter sur des claies ou sur un cylindre qui le transmet aux meules qui en extraient la farine et le gruau sans aucun mélange de parties nuisibles. Les meules employées pour opérer cette mouture sont celles dites à la française, système ancien.

Avec levure

Farine de maïs et de froment. — On prend 25 kilogrammes de farine, c'est-à-dire 12,5 kilogrammes de farine de froment 12,5 kilogrammes de maïs. On met à part 7 kilogrammes à 7 kil. 5 de la farine de froment et on y ajoute 700 grammes de bonne levure, l'eau ou le lait nécessaire pour en faire une pâte douce qu'on soumet à une bonne fermentation, mais sans excès. Alors on dépose toute la farine de maïs dans un baquet ou cuveau et on verse dessus de l'eau bouillante en quantité suffisante pour qu'en agitant avec une grande spatule en bois on fasse une pâte de consistance ferme et sèche qu'on laisse refroidir jusqu'à la température de 25 degrés centigrades. En cet état on la mélange avec le levain et le reste de la farine de froment, on fait dissoudre 150 à 160 grammes de sel dans de l'eau ou du lait, puis avec l'eau ou le lait encore nécessaire on pétrit en une pâte sèche et ferme qu'on travaille avec beaucoup de soin, afin que le levain se combine et s'incorpore parfaitement avec la farine de maïs. Alors on soumet encore à un léger apprêt et on tourne. Le pain tourné n'a pas besoin d'éprouver un fort apprêt avant d'être enfourné, parce que, autrement, l'eau ou le lait qui s'y trouvent faiblement retenus, pourraient, surtout si le four n'est pas bien chaud, se séparer d'eux-mêmes de la farine de maïs, de façon que le pain deviendrait compact, que la mie se séparerait de la croûte supérieure, et que ce pain serait indigeste.

Ce pain fabriqué avec du lait au lieu d'eau est meilleur et plus savoureux, mais, de plus, il ne devient pas aussi promptement dur et cassant, attendu que le caséum du lait remplace en partie le gluten, et que le sucre contenu dans ce liquide donne de la saveur et de l'agrément à la pâte. Sans cela ce pain n'est bon que lorsqu'il est frais, car, après 24 heures, il est déjà sec et si cassant, qu'on ne peut plus guère le manger ; aussi recommandons-nous de n'en pas faire en provision ou par grosses pièces.

PAINS A CAFÉ, PAINS MOLLETS, PAINS DE SOUPE

Tous les boulangers de Paris font des pains à café en plus ou moins grande quantité. Ce pain se pétrit de deux manières, sur levain ou sur *bassinage*. Dans le premier cas, on opère comme nous l'avons dit pour le pain de gruau ; dans le deuxième, on agit comme il suit :

A la quatrième ou à la cinquième fournée, au moment où la pétrissée est terminée et qu'elle est en fontaine, on prend dans le pétrin la quantité de pâte nécessaire pour faire le pain dont on a besoin. On fait un trou au milieu de cette pâte, on verse de l'eau plus ou moins tiède, suivant la saison, et en quantité suffisante, pour réduire le tout à l'état de pâte mollette. On délaie dans cette eau la levure aussi en quantité suffisante, puis on *découpe* la pâte pendant cinq à six minutes ; ensuite on la bat bien, on la souffle en enfonçant les mains dessous, en l'élevant et la laissant retomber avec force, sans quitter les mains et de manière à permettre à l'air de s'introduire, de sécher la pâte et de la rendre plus légère. Les bons faiseurs prétendent que les bonnes pâtes douces de ce genre doivent pouvoir se *couler en bouteille*, tout en conservant la consistance nécessaire. La qualité du pain mollet dépend beaucoup du travail que l'on donne à la pâte.

Quelques boulangers fabriquent leur pain à café avec des farines de gruau de qualité secondaire. Dans ce cas, ils ne peuvent opérer que sur levain et leur pâte veut être tenue moins douce.

Les maisons qui ont un débit important de pains de gruau de première ou de deuxième blancheur, opèrent, au moyen du bassinage, sur la même pâte que celle qui sert à la confection de ces pains de gruau.

C'est avec la pâte du pain à café, que l'on fait les *pains mollets* de tous les poids, et aussi les pains dits *de soupe*. Ces derniers, extrêmement minces et allongés, sont tout en croûte lorsqu'ils sont cuits.

PETITS PAINS EN FARINE DE BLÉ GERMÉ

On a coutume, en Angleterre, de remplacer, dans la boulangerie fine, la farine ordinaire par celle du froment soumis préalablement à un maltage qui développe du sucre et produit encore d'autres modifications avantageuses pour le goût du pain; il en résulte, dans tous les cas, une grande économie de sucre. Ce maltage s'exécute à peu près comme celui qui est employé en Allemagne pour la fabrication de la bière de froment; seulement on y apporte plus de soin. Au moyen du crible, on extrait d'abord, autant que possible, du blé, toutes les graines étrangères, puis on le lave pour enlever toute la poussière ; on le place ensuite dans un vaisseau convenable, et l'on verse par-dessus assez d'eau pour le couvrir d'une couche liquide d'environ 0^m,10 de hauteur. Cette eau doit être renouvelée au moins toutes les 12 heures. Les grains se gonflent promptement, au point que l'on peut facilement les écraser avec les doigts ; il faut, pour cela, de 24 à 36 heures, selon que la température est plus ou moins chaude. On fait alors couler l'eau et l'on étend le froment en couches de 0^m,20 à 0^m,25 d'épaisseur, sur des planches bien propres. La germination se développe, et l'on doit retourner les grains assez souvent pour les empêcher de trop s'échauffer.

Il ne faut pas laisser les germes acquérir plus de 0^m,005 de longueur ; on étend alors les grains en couches minces et à l'ombre dans un lieu aéré où on les laisse se flétrir ; on les sèche ensuite sur un fourneau modérément chauffé, en ayant soin de ne pas les roussir, parce qu'ils donneraient une farine brune. On sépare enfin les germes, et l'on moud le malt par les mêmes moyens que le froment.

PAIN DE SARRASIN

Quand, au lieu de farine de maïs, on emploie celle de sarrasin, on mélange et on manipule absolument comme avec la première farine. On mélange avec de la farine de froment ou de seigle et on travaille avec de la levure ou du levain de chef.

Toutefois il y a cette différence, que la farine de sarrasin n'a pas besoin d'être délayée ou plutôt cuite dans de l'eau chaude.

M. Dessables, auquel on doit la première édition de cet ouvrage, s'y exprimait ainsi à l'occasion du pain de sarrasin :

« Le pain de farine de sarrasin pur est toujours fort mauvais ; on ne peut le garder deux jours frais, et dès le lendemain il se fend et s'émiette de manière à n'être plus mangeable ; avec des soins particuliers on pourrait peut-être obtenir des résultats plus avantageux ; mais le sarrasin ne sera jamais une bonne nourriture, au moins étant converti en pain. Cependant voici la méthode qu'on peut employer pour donner à cette espèce de farineux toute la qualité qu'il est susceptible d'acquérir : il faut prendre du levain jeune et en grande quantité, l'eau chaude, pétrir fortement et avec vivacité, et ne bassiner que médiocrement. La pâte de sarrasin veut être mise dans des pannetons, et être exposée à la chaleur pour prendre son apprêt ; il faut avoir soin de la mettre au four avant son vrai point, et l'y laisser longtemps, parce que, contenant beaucoup d'humidité, elle doit cuire lentement ».

On fait rarement du pain de sarrasin pur ; les habitants des campagnes, dans les pays où cette nourriture est en usage, y mêlent presque toujours une portion de seigle. Au reste, ce farineux est très utile dans plusieurs contrées de la France, où il ne se récolte pas du blé suffisamment pour la consommation des habitants. On fait, avec la farine de sarrasin convertie en bouillie et fermentée, des galettes que les ouvriers employés dans les campagnes à l'agriculture et à la garde des troupeaux, préfèrent généralement au pain de seigle et d'orge. Le sarrasin converti, soit en pain, soit en galettes, est d'ailleurs sain, nourrissant et d'assez facile digestion.

Voici la manière dont Parmentier s'explique au sujet de la panification de la farine de sarrasin : « Toutes les tentatives que j'ai pu faire pour améliorer ce pain, en choisissant les meilleures variétés, même en y mêlant d'autres farines, ont été sans succès. Dès le lendemain de sa cuisson, ce pain se sèche, s'émiette, etc. »

Nous rappellerons ici qu'on peut notablement faciliter la panification des farines de maïs et de sarrasin, en y ajoutant un tiers de gluten préparé par les moyens qu'on doit à M. E. Martin, ou mieux par ceux mis en usage par MM. Véron frères, et qu'on obtient ainsi de ces farines des pains substantiels, nourrissants et qui se conservent assez longtemps frais.

PAIN DE FÈVES

Les féveroles (*vicia faba equina*) ont une très haute valeur nutritive, et elles entrent pour une assez forte proportion dans la nourriture des marins. Réduites en farine, elles entrent dans la composition de beaucoup de pains de luxe, et les boulangers assurent que ces pains sont améliorés par un peu de farine de féveroles.

M. L. Moll, professeur d'agriculture au Conservatoire des arts et métiers, a consacré dans le *Journal d'agriculture pratique* un article plein d'intérêt pour la fabrication du pain avec la farine de froment et les fèves.

« Parmi les denrées alimentaires proposées dans ces derniers temps pour mélanger à la farine, dit ce savant professeur, j'ai été étonné de ne pas en voir figurer une qui, depuis longtemps, est employée dans plusieurs localités de la France à cet objet, non seulement dans un but d'économie, mais encore et surtout, disent les boulangers qui l'emploient, en vue de la qualité du pain. Je veux parler des *fèves* ou *féveroles*, soit d'hiver, soit d'été (1).

« Les fèves et féveroles sont cultivées dans presque toute la France, et il est certaines provinces, le Poitou, par exemple, où l'on en produit des quantités énormes. Comme substance sèche, la fève est d'ailleurs plus susceptible d'un long transport que les racines et tubercules. Son prix est toujours inférieur à celui du riz. Dans nos contrées, l'hectolitre de fèves d'été ou d'hiver vaut à peu près le prix de l'hectolitre d'orge. En ce moment il est de 19 fr. Or, l'hectolitre de fèves pèse

(1) Dans la Franche-Comté, où ce mélange est en usage depuis très longtemps, on n'emploie, m'a-t-on dit, que la féverole d'hiver, que l'on considère comme très supérieure pour cet objet aux fèves et féveroles de printemps. J'ai lieu de croire que ces dernières conviennent tout autant.

80 à 88 kilog., suivant grosseur et qualité. Il en résulte que le quintal métrique de fèves revient aujourd'hui à moins de 22 fr. tandis que le riz coûte de 24 à 37 fr. suivant qualité.

« Les fèves et surtout les féveroles, ne sont mangées telles que dans peu de localités. Ici même, où on en cultive passablement, nos cultivateurs ne veulent pas en entendre parler, à moins qu'on ne leur en ait enlevé, après cuisson préalable et avant de les accommoder, la peau coriace et à saveur astringente qui les recouvre, travail long et coûteux qui m'a forcé de renoncer à la fève comme aliment dans mon exploitation (1). La fève est une des rares plantes offrant presque tous les caractères économiques qui rendent la pomme de terre si précieuse au point de vue de l'alimentation humaine : récolte sarclée formant une excellente préparation pour les céréales ; produit abondant (eu égard à la valeur nutritive) ; prix de revient et prix vénal très bas ; partant, possibilité d'employer avec profit cette denrée à l'alimentation des

(1) Il y a presque partout des fèves qui cuisent bien et d'autres qui cuisent mal. Dans le bas Poitou, dans le Lot-et-Garonne et quelques autres contrées, les premières sont employées dans les campagnes pour la soupe. Les autres servent à la nourriture et surtout à l'engraissement des bestiaux, et entrent pour une certaine portion dans la confection du pain. J'ai des raisons de croire que la faculté de cuire plus ou moins bien tient avant tout à la pellicule, et qu'en l'enlevant, comme je l'ai dit plus haut, on rend mangeables toutes les fèves. Il en est de même en les faisant concasser.

bestiaux dans les années ordinaires et d'abondance, tandis qu'on la fera servir presque en entier à celle de l'homme dans les années de disette. Toutes ces conditions sont remplies d'une manière complète par la fève, qui est un des produits végétaux les plus riches en matières alibiles, notamment en matières azotées. Si on ne considère que ces dernières, on trouvera que parmi toutes les denrées végétales alimentaires, ce sont peut-être les fèves et les féveroles qui fournissent le kilogramme d'azote au prix le plus bas,

« Ajoutons que les fèves ont sur la pomme de terre le double avantage de donner des produits mangeables bien avant leur maturité (dès le mois de juin), et de nourrir l'homme d'une manière beaucoup plus complète, beaucoup plus en rapport avec ses besoins. C'est une remarque faite par tous les observateurs, que les populations qui se nourrissent principalement de graines de la famille des légumineuses, fèves, haricots, pois, lentilles, sont plus vigoureuses et plus actives que celles dont la nourriture se compose presque exclusivement de pommes de terre, et même de maïs ou de sarrasin. Cette observation vient, du reste, confirmer les données de la science.

« Le seul point où la fève présente de l'infériorité relativement à la pomme de terre, c'est de ne pouvoir, comme celle-ci, donner lieu à des opérations industrielles, fabrication d'alcool et de fécule, point important, mais qui ne saurait en aucune manière détruire les avantages de cette culture. Si la fève vient mieux dans les terrains argileux

que dans les sols légers, il ne faut pas oublier que
la pomme de terre a aussi ses terres de prédilec-
tion, et qu'elle réussit fort mal dans les sols com-
pacts.

« J'ai dit plus haut que, dans beaucoup de parties de la France, les populations des campagnes
repoussent la fève sèche sous sa forme naturelle.
En revanche, partout on l'accepte verte, et moyennant le concassage ou l'enlèvement de la peau, on
la ferait accepter dans tout pays. Cette dernière
opération, longue et embarrassante quand on a,
comme moi, un nombreux personnel et une seule
femme pour faire la cuisine, n'est plus rien dans
un petit ménage.

« Mais revenons au pain. En Franche-Comté
et dans le Lot-et-Garonne, on ajoute à peu près
un dixième en volume au blé ou au mélange de
blé et de seigle dont on fait le pain. Les fèves sont
moulues, et les farines sont mélangées ensemble.
Cette addition a certainement pour effet de rendre
le pain plus nutritif; mais, au dire de toutes les
personnes qui en ont consommé, elle le rend aussi
un peu plus blanc, et surtout plus savoureux.

« A l'époque où je nourrissais mon personnel,
j'ai fait une série d'expériences sur ce mélange.
J'ai employé la fève depuis la proportion d'un dixième jusqu'à celle d'un tiers en volume. Le reste
se composait de moitié froment et moitié seigle.
Je ne donnerai pas en détail le résultat de chacune
des proportions employées; je me bornerai à dire
que, depuis un dixième jusqu'à un quart, le pain
ne laissait rien à désirer. Au delà, la pâte devenait

analogue à celle du blé dur, c'est-à-dire trop longue, trop tenace, et levait mal. Le pain était plat
et compact, quoique toujours savoureux. Peut-
être avec une modification aux procédés ordinaires
aurait-on encore obtenu de fort bon pain dans
ces proportions, comme on en a obtenu en Algérie
avec moitié farine de blé dur et moitié farine de
blé tendre. Si je n'ai pas poussé plus loin l'expérience, c'est qu'à cette époque la question n'avait
pour moi aucun intérêt direct, attendu que le
blé ne valait ici que 12 fr. 50 l'hectolitre. Je m'en
suis donc tenu à la proportion d'un cinquième.

« Je pense qu'on pourrait adopter cette proportion, et que, dans l'occasion, on pourrait aller
jusqu'à un quart sans inconvénient, surtout si
l'on employait des grains inférieurs. Ainsi, un
mélange d'un double décalitre de fèves, de 30 litres
d'orge et de 30 litres de seigle, fournirait à un
prix très réduit un pain qui, sans avoir la blancheur et la finesse du pain de froment pur, en
aurait à peu près la teneur en matières azotées,
et serait très mangeable. Or, aux prix actuels de
ces divers grains, 18 francs le seigle, 20 francs
l'orge, 20 francs les fèves, ce pain reviendrait à
peine à 26 centimes le kilogramme. Vous me di-
rez peut-être qu'il est assez étrange que, dans les
circonstances actuelles, je n'aie pas repris et com-
plété ces expériences, et que, notamment en ce
qui concerne ce dernier mélange, je ne vous aie
pas présenté des faits accomplis, au lieu de pré-
somptions. Ma réponse est bien simple : Je ne
nourris plus personne. J'ai fait avec mon chef

d'attelage un arrangement d'après lequel je lui fournis par personne une quantité déterminée de froment, de seigle, de haricots, de viande, etc., etc., moyennant lesquelles fournitures il se charge de nourrir mes employés à l'année ainsi que les journaliers qui comme les ouvriers d'art et les moissonneurs, exigent impérieusement la nourriture. Or, mon homme n'aurait aucun intérêt à substituer aux deux céréales que je me suis engagé à lui fournir, blé et seigle, des mélanges nouveaux qui pourraient bien provoquer des réclamations de la part des consommateurs, et que lui-même n'aurait peut-être pas employés s'il s'agissait de ses propres deniers. Et quant à moi, je suis trop heureux d'être débarrassé de la dure et coûteuse corvée de nourrir mon personnel pour ne pas éviter tout ce qui pourrait rendre la tâche plus difficile à mon contre-maître. »

PAIN DE RIZ

M. Payen avait été chargé, en 1849, par le conseil d'hygiène publique de Paris, d'examiner un procédé de panification qui consistait à introduire dans la pâte une certaine quantité de riz préalablement soumis à la coction. Pour obtenir ce résultat, on soumettait le riz à l'ébullition dans dix fois son poids d'eau, et il en résultait une sorte d'empois qui, mêlé à la pâte (après avoir été refroidi), y introduisait une quantité d'eau dépassant la proportion ordinaire, même après la cuisson. Cet excédent pouvait être évalué à 6 pour 100 ;

aussi a-t-on proposé, conformément aux conclusions du rapport, d'autoriser la fabrication par ce nouveau système, sous la condition que le pain serait vendu à 6 pour 100 moins cher que le pain normal. Dès lors l'avantage qu'avait espéré l'inventeur se trouvant annulé, la fabrication cessa immédiatement ; il ne paraît pas qu'elle ait été reprise.

PAINS FAITS AVEC LES SEMENCES OU LES PARTIES DE DIFFÉRENTES PLANTES RÉDUITES EN FARINE

Toutes les autres semences ou autres parties des plantes dont, aux époques de disette, on a cherché à faire emploi dans la panification, telles que les farines de pois, haricots, fèves, lentilles, vesces, gesses, marrons doux et châtaignes, marrons d'Inde, petits millets, sorghos, panicauts, mousse d'Islande, racine de fougère (*pteris esculenta*), nénuphar blanc, chiendent, le riz même, etc., dont quelques-unes ne renferment que de la fécule, et d'autres matières étrangères unies à une petite quantité de fécule, ne peuvent, sans avoir été mélangées à de la farine des céréales les plus précieuses, c'est-à-dire de froment et de seigle, être converties en pain salubre et de bonne qualité, parce qu'elles manquent du gluten nécessaire, non seulement pour donner du liant à la pâte, mais encore pour lui communiquer la propriété d'entrer en fermentation et de fournir une pâte spongieuse, légère, condition indispensable pour faire du pain de bonne qualité.

Quand on se propose de panifier ces matières, il faut se servir d'un levain de chef jeune et frais, qu'on a préparé avec de la farine de seigle. On prend, dans ce cas, une plus grande quantité de ce levain qu'on ne l'a indiqué dans la fabrication des pains d'orge et d'avoine pour y déterminer la fermentation. Soient, par exemple, 30 kilogrammes de farine à panifier ; on en prend du premier coup la moitié, ou 15 kilogrammes qu'on mélange à 3,5 ou 4 kilogrammes de levain de chef, démêlé et délayé avec soin dans l'eau tiède, et on travaille la masse pour en faire une pâte sèche et ferme. Les pains ne doivent pas avoir plus de 4 à 5 centimètres d'épaisseur, parce que des masses plus épaisses, même sous l'influence d'un four très chaud, ne se débarrasseraient pas de l'excès d'eau qu'elles auraient reçu. Dans tous les cas, la plupart des substances indiquées ne produisent qu'un pain lourd, indigeste, parfois amer, et dont il est difficile de s'accommoder.

On réussit mieux à produire avec elles un pain mangeable, en y associant de la levure dont on se sert pour faire avec de la farine de froment ou de seigle, un levain de première, auquel on donne un bon apprêt, puis qu'on mélange aussitôt avec toute la farine de graines autres que celles des céréales qu'on veut panifier sans avoir recours à une deuxième fermentation ou à un levain de seconde, et en formant une pâte ferme et sèche qu'on pétrit avec soin. On laisse encore prendre un léger apprêt dans les pannetons, et on enfourne. Il faut ajouter une proportion plus grande de sel, pour donner plus de goût à ce pain. Du reste, on ne donne qu'un faible apprêt au pain tourné, à cause du manque de gluten, et avec quelque fermeté et quelque sécheresse qu'on ait pétri la pâte, il ne faut la tourner qu'en petits pains, longs et minces, pour obtenir plus de croûte que de mie ; autrement, les gros pains se cassent.

DU BISCUIT OU GALETTE

C'est ainsi qu'on nomme une sorte de pain en gâteaux plats et secs, destiné principalement à la nourriture des marins, des armées et des voyageurs. Le biscuit doit être fait avec de la bonne farine de froment, riche en gluten et soigneusement blutée ; lorsqu'il est bien préparé, c'est, après le pain, l'aliment le plus sain pour les marins. Il offre un avantage précieux à l'ouvrier, c'est de pouvoir le fabriquer également dans toutes les saisons. Voici la manière dont on procède à cette préparation :

On prend ordinairement 5 kilogrammes de levain, un peu plus avancé que pour le pain ; on le délaie dans l'eau toujours tiède avec 5o kilogrammes de farine ; l'on pétrit, jusqu'à ce que la pâte ne puisse plus être travaillée avec les mains ; on la foule alors avec les pieds, ou, plus proprement, avec la *brie du vermicellier*, jusqu'à ce qu'elle soit parfaitement lisse, tenace et très unie. Le pétrissage fini, on travaille la pâte par parties, d'abord en forme de rouleaux qui, séparés en petits morceaux, repassent par la main des boulangers, ce qu'ils appellent *frotter*.

Dans les principaux ports de mer de la France, l'on suit un procédé différent ; le voici : au lieu d'employer un levain vieux et dans les proportions de 5 kilogrammes pour 50 kilogrammes de farine, on le prend jeune et du poids de 25 kilogrammes, et l'on tient la pâte moins ferme, afin de la pétrir plus aisément.

On donne ensuite à chaque galette le poids qu'elle doit avoir, et, au moyen d'une *bille*, on lui fait prendre la forme ronde et aplatie ; on les dispose ensuite sur des tables ou des planches qu'on porte dans un lieu frais ou à l'air, afin qu'il ne s'opère presque point de fermentation. Cela terminé, on chauffe le four bien moins que pour cuire le pain, et dès qu'on a tourné la dernière galette, l'on commence à enfourner la première, en ayant soin de la percer de plusieurs trous, avec un morceau de fer, afin de favoriser sa cuisson et le dégagement de l'humidité. Pour que la galette soit à son point de cuite, elle doit rester environ 2 heures dans le four. Au bout de ce temps, on les sort avec précaution, et on les range dans des caisses contenant de 25 à 50 kilogrammes, qu'on porte ensuite dans une étuve ou dans des pièces qui sont à côté et au-dessus du four, et que, dans certaines localités, en nomme *soute* et *gloriette* ; c'est là que le biscuit achève de perdre son humidité et se dessèche très bien : c'est cette opération qu'on nomme le *ressuage*. Il est bon de faire observer qu'on ne fait point entrer de sel dans le biscuit, afin qu'il n'attire pas l'humidité de l'air. Nous ne pensons pas que le sel marin, bien dépouillé, par sa dissolution dans l'eau et la cristallisation, des muriates de chaux et de magnésie, produise cet effet.

Le biscuit bien préparé et de bonne qualité est très sec, n'attire point l'humidité de l'air, est d'une couleur jaune brunâtre, cassant, et offre, pour ainsi dire, une cassure vitreuse : sa mie est sèche et blanche ; elle se gonfle beaucoup dans l'eau, sans aller au fond ni se diviser en miettes.

Les Anglais préparent le biscuit sans levain ; aussi est-il presque toujours fade, d'un blanc mat et ne trempe pas bien. D'autres nations emploient, les unes des levains forts et en quantité, et d'autres des levains jeunes et à petite dose. Les Espagnols préparent leur galette à peu de chose près comme nous.

DISCUITS AU GLUTEN

MM. Pascal et Sirben fabriquent des biscuits à l'usage de l'armée et de la marine, en prenant le gluten que fournissent les amidonneries, le pétrissant avec de la farine et y mélangeant de l'huile, du beurre ou autre substance nutritive. Les proportions sont : 1 kilogramme de gluten, 800 gr. de farine et 40 grammes d'huile d'olive ou de beurre qu'on fait cuire comme à l'ordinaire. Ils assurent que par ce mode de fabrication il y a économie, que le biscuit ne durcit jamais et n'acquiert pas de mauvais goût, que la mastication en est facile et la qualité nutritive, et, enfin, qu'il n'est pas affecté par l'atmosphère de la mer.

BISCUITS AUX ŒUFS ET AU BEURRE DE M. REDEUIL

La préparation de ces biscuits s'effectue comme il suit. On prend :

100 kilogrammes de farine de froment.
300 à 400 œufs.
  6 à   8 kilogrammes de beurre.
  8 à 10   —   de sucre.
100 à 120 gr. de carbonate d'ammoniaque.

On mélange le tout pour former une pâte ferme semblable à celle des biscuits de mer. On peut travailler cette pâte à bras ou par un moyen mécanique convenable quelconque ; toutefois l'inventeur préfère employer des cylindres pour laminer la pâte et la mettre en nappe bien égale ; puis il découpe cette nappe, suivant des formes régulières, à l'aide d'emporte-pièces.

Les biscuits, malaxés, laminés et découpés, sont ensuite soumis à l'action d'un bain d'eau bouillante ou de la vapeur dans les conditions exposées par M. Redeuil.

Il faut que l'eau du bain soit bouillante pour que l'opération se fasse bien ; on plonge alors les biscuits dans ce bain, en ayant soin de les séparer, afin qu'ils n'adhèrent point ensemble.

Par suite de cette opération, il se forme sur le biscuit une couche de vernis qui empêche les biscuits de se coller les uns aux autres ; après les avoir retirés du bain, on laisse ces biscuits refroidir sur des tables en tablettes convenables.

La cuite au four est la dernière opération : placés sur des plaques métalliques et soumis à une température de 150 à 200 degrés environ, les biscuits se développent, deviennent luisants, très friables, d'un excellent goût et présentent la propriété de pouvoir se garder sans altération pendant de longues années, en conservant leurs qualités nutritives.

BISCUITS DE CÉRÉALINE

La céréaline, ainsi que nous l'avons vu, est une substance qui agit comme ferment, mais qui a de l'analogie avec le gluten. Ordinairement elle est perdue dans les déchets de la mouture, et jusqu'à présent M. Mège-Mouriès est le seul qui ait cherché à en utiliser les propriétés en la mélangeant à l'état impur à la pâte, mais dans certaines conditions et en proportion modérée, parce qu'autrement elle noircit le pain.

M. J.-E. Bronn de Philadelphie a proposé de préparer par un procédé particulier la céréaline dans un état plus pur et en telle quantité, qu'elle pût être employée, dans toutes les proportions voulues, à la préparation des substances alimentaires. Voici quel est ce procédé :

Le froment est d'abord dépouillé de son enveloppe extérieure, moulu et bluté à la manière ordinaire. Puis on remoud les gros sons produits du blutage, qui se composent d'amidon, de gluten, de cellulose et de céréaline, et on les blute une seconde fois. Dans tous les cas, les gros produits du blutage contiennent la céréaline en plus forte proportion que ceux fins.

La céréaline étant soluble dans l'eau, tandis que le gluten et la cellulose avec laquelle elle est réunie ne le sont pas, on se sert de cette propriété, pour l'obtenir, en faisant dissoudre les parties solubles des gros sons et évaporant quand on veut obtenir la céréaline à l'état sec.

Ainsi obtenue à cet état sec, la céréaline est mise en paquets ou mélangée aux produits fins du blutage, pour faire avec le gluten et l'amidon, des biscuits, des vermicelles et autres articles.

FABRICATION DES BISCUITS ANIMALISÉS
AU MOYEN DE LA VIANDE DE BOUCHERIE

Dans ce procédé, la viande de boucherie est convertie :

1° En biscuits au bouillon ;

2° En biscuits à la gélatine ;

3° En biscuits à la fibrine :

4° En graisse de pot, bien aromatisée.

Les os, épuisés de leur graisse et de leur gélatine, forment le seul résidu que donne cette opération.

100 kilogrammes de viande de boucherie non désossée fournissent 200 litres du meilleur bouillon de ménage qui peuvent servir à fabriquer 400 biscuits au bouillon (1).

Il reste :

(1) On voit que, pour fabriquer le biscuit au bouillon, il est nécessaire de réduire, par l'évaporation, chaque litre de bouillon à ne plus peser que 200 à 240 grammes.

1° 8 kilogrammes de graisse de pot, bien aromatisée ;

2° 10 kilogrammes d'os ;

3° 45 kilogrammes de bouilli.

10 kilogrammes d'os peuvent donner 3 kilogrammes de gélatine sèche. Ces 3 kilogrammes serviront à préparer 300 biscuits à la gélatine.

Les 45 kilogrammes de bouilli se réduiront, par la dessiccation complète, à 12 kilogrammes. Ces 12 kilogrammes de viande sèche, étant pulvérisés et employés à la dose de 10 grammes par biscuit, fourniront 1.200 biscuits à la fibrine.

100 kilogrammes de viande de boucherie non désossés, traités comme on le propose, peuvent donc fournir :

1° 8 kilogrammes de graisse de pot, bien aromatisée ;

2° 400 biscuits au bouillon ;

3° 300 à la gélatine ;

4° 1.200 à la fibrine.

Nota. — Tous les biscuits seront animalisés au même degré ; ils contiendront tous 10 grammes de matière animale séchée par biscuit.

On voit, en outre, qu'un bœuf fournissant, terme moyen, 350 kilogrammes de viande de boucherie, peut suffire à la préparation de 6.650 biscuits animalisés.

Un biscuit doit se composer de :

Farine	225^{gr}
Matière animale sèche	10
Eau	100 à 120

Ce biscuit doit peser, étant cuit, 276 grammes.

Deux de ces biscuits forment la ration du soldat.

On voit, dans le cas dont nous parlons, que cette ration contiendrait un litre de bouillon de ménage, ou bien l'équivalent en gélatine ou en fibrine, c'est-à-dire en matière animale sèche.

Manière d'opérer. — On fera le bouillon comme de coutume.

On désossera le bouilli.

On le comprimera à la presse hydraulique.

On fera un second bouillon avec le bouilli et les os.

Ce second bouillon servira, au lieu d'eau, pour cuire de la nouvelle viande.

On comprimera de nouveau le bouilli à la presse hydraulique.

On fera sécher ce bouilli à l'étuve.

On le pulvérisera au moulin ou au mortier.

On extraira la gélatine des os, soit au moyen de l'acide hydrochlorique, soit au moyen de la vapeur.

On n'aura plus qu'à séparer la graisse du bouillon, qu'à la saler pour la rendre conservable, et qu'à faire les trois espèces de biscuits dont nous avons parlé plus haut.

FABRICATION DU MEAT-BISCUIT

L'invention du meat-biscuit, ou biscuit animalisé, est due à M. Gail-Borde jeune, de Galveston, Texas, États-Unis d'Amérique.

L'invention consiste, comme on le décrit, à combiner le gruau, la farine ou le biscuit pulvérisé avec un extrait concentré des portions nutritives de chair animale, à sécher et faire cuire, à faire ce mélange de manière à en confectionner un biscuit animalisé, sec et portatif, contenant une grande quantité de matière alimentaire sous un faible volume, et propre à l'approvisionnement des armées, des émigrants, des voyageurs, des hôpitaux et des familles.

Pour fabriquer ce produit, on prend de la viande d'un animal de boucherie en bon état de graisse et de santé, et, pour en extraire tous les sucs, on la fait macérer dans une certaine quantité d'eau bouillante jusqu'à ce qu'on en obtienne, par la décoction, presque tous les principes alimentaires qu'elle renferme. L'extrait ou la décoction est filtré à travers des tamis de toile métallique et déféqué par le repos, après quoi on le fait réduire par évaporation jusqu'à la consistance de colle-forte. Cette évaporation peut s'opérer dans une bassine, à l'aide d'un chauffage à la vapeur, et dans le vide, comme dans les procédés de raffinage du sucre, et avant, ainsi que pendant cette opération, toute la graisse et les matières huileuses qui s'élèvent à la surface sont enlevées à l'écumoire ou autrement.

L'extrait animal réduit ainsi qu'on l'a indiqué ci-dessus, et ayant la consistance voulue, est mélangé à de la farine, du gruau ou à du biscuit pulvérisé, jusqu'à former une pâte d'une fermeté suffisante pour être pétrie et découpée par les machines ordinaires à fabriquer le biscuit. En mêlant la farine avec l'extrait à l'état chaud, la pâte est plus ferme après le refroidissement, et il y a plus d'extrait combiné avec une même quantité de farine, qu'il y a avantage à faire sécher au four.

La pâte est séchée dans un séchoir ou cuite au four. La chaleur employée pour cet objet peut être égale à celle d'un four ordinaire, après qu'on en a retiré le pain. On doit la cuire avec lenteur et avec beaucoup de soin, jusqu'à ce qu'elle acquière le même degré de sécheresse que le biscuit ordinaire.

Les biscuits ainsi fabriqués peuvent être broyés et réduits en farine, pour faciliter l'apprêt des mets, et empaquetés, soit à l'état de farine, soit entiers, dans des tonneaux ou des boîtes, où l'air ne peut pénétrer, ou des sacs de gutta-percha, de toile vernie ou autre matière qui s'oppose à l'introduction de l'air et de l'humidité.

Pour faire une soupe, on moud ou pulvérise le biscuit, et on le délaie dans assez d'eau pour former une sorte de pâte liquide qu'on abandonne au repos pendant un temps qui varie de 5 à 20 minutes. Alors on la verse dans de l'eau bouillante, en ayant soin d'agiter fréquemment, pendant l'opération, surtout avant que le tout ne soit porté à l'ébullition. Cette ébullition est prolongée pendant 10 à 30 minutes, suivant la finesse de la poudre ou farine de biscuit, jusqu'à ce qu'il y ait dissolution dans l'eau ; c'est alors qu'on y ajoute le sel, le poivre et autres condiments, suivant les goûts. 30 grammes de biscuit donnent un litre de potage. On peut y ajouter divers légumes cuits.

Ce biscuit n'est pas sujet à être attaqué par les vers et autres insectes. Il ne renferme ni huile, ni matière graisseuse, et par conséquent il n'est pas exposé non plus à s'altérer. Ces avantages sont dus à la quantité de matière animale qui entre dans sa composition. En général l'extrait doit être réduit par évaporation à environ un neuvième du poids de la viande, y compris la graisse et les os. On mélange environ deux parties d'extrait avec trois de farine, pour obtenir en tout cinq parties, mais à peu près 20 % en poids de ces matériaux se dissipent au four. On peut préparer ce biscuit pour les usages alimentaires en quelques minutes, sur un léger feu de charbon de bois ou sur une lampe à esprit-de-vin. On peut aussi le fabriquer dans les colonies ou les autres localités où la viande est abondante et à très bas prix, et en raison de sa concentration et de son faible volume, le transporter à peu de frais dans les pays où la viande est chère et moins abondante.

BISCUIT-VIANDE

Dans un rapport fait à l'Académie des sciences sur une substance alimentaire présentée par Justin Callamand, MM. Thénard, Dumas, le maréchal Vaillant, Boussingault, ont fait le rapport suivant :

« L'Académie a renvoyé à notre examen une substance alimentaire désignée sous le nom de *biscuit-viande*, que M. Callamand prépare avec de la farine de pur froment, de la viande cuite et des légumes. D'après l'inventeur, un biscuit-viande du poids de 250 grammes donnerait, avec 2 litres d'eau et un assaisonnement convenable de poivre et de sel, six rations de soupe grasse.

« Après avoir entendu M. Callamand, la commission a jugé nécessaire de faire procéder à la fabrication du biscuit-viande : elle a chargé un des préparateurs du Conservatoire des Arts-et-Métiers, M. Houzeau, de suivre le travail dans tous ses détails et de dresser un procès-verbal des opérations. La fabrication du biscuit-viande comprend trois phases : 1° la préparation du bouillon ; 2° la confection de la pâte ; 3° la cuisson des biscuits.

« *Préparation du bouillon.* — 25^{ks},475 de bœuf de bonne qualité ont été mis dans une chaudière avec 22 litres d'eau. On a introduit, enveloppés dans un linge, du thym, du laurier, deux noix muscades, 300 grammes de quatre-épices et 10 kilogrammes de légumes (navets, carottes, poireaux).

« Après quatre heures d'une ébullition soutenue, on a retiré le bœuf pour le désosser. La viande, réduite en lambeaux, a été remise dans le bouillon, auquel on avait ajouté les légumes cuits, préalablement réduits en purée. L'ébullition a encore été continuée pendant une heure et demie ; alors le bœuf était extrêmement divisé, et le liquide contenu dans la chaudière avait l'aspect d'une bouillie très claire ; on y a dissous 250 grammes de sucre candi, destiné, suivant M. Callamand, à favoriser la conservation du biscuit.

« En y comprenant l'eau provenant du lavage de la chaudière, on a obtenu 11 litres de bouillon très concentré, renfermant toutes les matières extractives et la fibre de 22 kilogrammes de chair musculaire.

« En effet, on avait soumis à l'ébullition :

Viande de bœuf. . . . . 25^{kg},475
On a retiré, en os et cartilages . . 3. 425
Viande désossée. . . . . 22^{kg},050

« *Confection de la pâte.* — 49^{kg},825 de farine blanche de froment ont été pétris, en y incorporant les 11 litres de bouillon. Le geindre, en agissant alternativement avec les bras et avec les pieds, a continué le pétrissage jusqu'à ce que la fibrine fût disséminée dans la masse. Ce résultat a été atteint après une heure et un quart de travail.

« La pâte possédait un aspect gras, une couleur brune ; déjà très ferme à la sortie du pétrin, elle le devenait beaucoup plus encore par le refroidissement. Aussi a-t-il été nécessaire de la conserver chaude pour la façonner à l'aide du *coupe-pâte*. On a découpé 237 biscuits.

« *Cuisson des biscuits-viande.* — Les biscuits sont restés une heure un quart au four. Après la cuisson, ils ont pesé, étant froids, 54^{kg},100. Ainsi, avec 49^{kg},825 de farine, 22^{kg},050 de bœuf désossé, 10^{kg},070 de légumes, 550 grammes d'épices et de sucre, 22 kilogrammes d'eau, on a fabriqué 45^{kg},010 de biscuits-viande.

« En d'autres termes, 100 kilogrammes de farine ont rendu 108^{kg},500 de biscuits.

« Dans le but d'apprécier l'influence que les substances ajoutées à la farine avaient eue sur le rendement, la commission a fait préparer du biscuit de mer ordinaire, avec la farine employée dans la fabrication du biscuit-viande. On a cuit dans le même four, et le travail a été exécuté par les mêmes ouvriers : 100 kilogrammes de farine ont donné 88 kilogrammes de biscuit. C'est à peu près le taux auquel on arrive dans les manutentions de l'Etat, où l'on obtient pour 100 kilogrammes de farine desséchée sur les planchers des magasins :

	Minimum.	Maximum	
A Cherbourg . .	87^{kg},78	90^{kg},16	de biscuit
A Brest	88, 44	90, 75	—
A Lorient . . .	90, 06	90, 66	—
A Rochefort . .	88, 93	90, 01	—
A Toulon . . .	88, 98	90, 67	—

« L'analyse a indiqué :

	Eau	Azote
Dans 100^{kg} de farine employée. .	17,0	«
— biscuit ordinaire .	8,0	2,1
— biscuit-viande . .	7,8	2,1
— légumes	85,0	0,2

« Avec ces données, on peut établir la constitution du biscuit-viande ainsi qu'il suit :

Pour 100^{kg}, farine sèche	76^{kg},45
— viande desséchée . . .	5, 79
— graisse	6, 27 (1)
— légumes secs	2, 77
— épices et sucre	0, 92
— eau	7, 80
	100^{kg},00

(1) Cette graisse doit être rapportée à 47^{kg},1 de viande fraîche et non désossée, soit 13,3 %.

Ou bien :

Biscuit ordinaire. 83ᵏᵍ,00
Viande sèche, graisse et assaisonnement sec. 17. 00 (1)
                                 ——————
                                 100ᵏᵍ,00

« En faisant bouillir pendant 15 à 20 minutes, dans 2 litres d'eau, un biscuit-viande pulvérisé du poids de 250 grammes, nous avons obtenu un potage analogue à la soupe préparée avec du biscuit ordinaire trempé dans du bouillon gras ; mais il y a dans ce potage toute la chair cuite à laquelle le bouillon doit ses qualités. C'est là un point important, parce qu'avec le biscuit-viande on se procure en très peu de temps une nourriture substantielle assez agréable, dont les avantages ne sauraient manquer d'être appréciés dans les circonstances que font naître l'état de guerre ou les expéditions maritimes.

« La commission n'admet pas que, sous le rapport de la valeur alimentaire, le biscuit-viande soit nécessairement l'équivalent de la farine et de la viande qu'il contient ; des expériences sur l'alimentation de l'homme permettraient seules de fixer cette valeur avec quelque certitude. Il y a même lieu de croire qu'après six heures d'ébullition dans l'eau, après la forte dessiccation qu'elle éprouve dans un four, la chair de bœuf perd une partie de son arome, et il est douteux qu'elle soit

(1) En réalité, il reste encore dans les matières sèches environ 1 d'humidité, le biscuit-viande renfermant, par rapport à la farine, plus d'eau que le biscuit ordinaire.

alors aussi nutritive qu'elle le serait si on la consommait à l'état de viande bouillie ou de viande rôtie.

« La commission reconnaît néanmoins que l'auteur du travail soumis à son examen a atteint le but qu'il s'était proposé, celui de rendre le biscuit plus nutritif en y introduisant une proportion notable de chair de bœuf amenée à un degré très avancé de siccité. Les essais qui ont pour objet l'amélioration du régime alimentaire du soldat et du marin ont toujours éveillé la sollicitude de l'Académie. En conséquence, vos commissaires ont l'honneur de proposer que des remerciements soient adressés à M. Callamand pour son intéressante communication. »

PAIN DE POMMES DE TERRE ANIMALISÉ

Darcet, dont le nom rappelle toujours des travaux utiles, est parvenu à incorporer dans la farine de pommes de terre, une quantité de gélatine suffisante pour la rendre aussi nourrissante que celle de froment. Il fabrique, avec cette farine, un pain tout aussi bon, et presque la moitié moins cher que celui qu'on vend publiquement. Voici la note publiée en février 1829 par M. Darcet lui-même sur ses recherches :

« J'ai proposé en 1821, dit-il, d'ajouter de la gélatine à la farine de froment, pour fabriquer, avec ce mélange, des biscuits très nourrissants à l'usage de la marine, et j'ai fait préparer de ces biscuits pour le voyage autour du monde qui s'est fait sous le commandement de M. D'Urville. J'ai, en outre, conseillé de fabriquer du pain avec la pomme de terre animalisée au moyen de la dissolution de gélatine. La note suivante est le développement de cette dernière proposition. Je crois qu'elle mérite d'être prise en considération, surtout en ce moment, où la cherté du pain influe si malheureusement sur le sort de la classe ouvrière et où l'appareil que je monte à l'hôpital de la Charité, pour l'extraction de la gélatine, va fournir à l'administration de grandes quantités de cette substance à très bas prix.

« La farine des boulangers de Paris contient environ :

Eau	10
Gluten	10
Amidon	73
Matière sucrée	4
Matière gommo-glutineuse	3
	100

« Les pommes de terre achetées au marché contiennent environ par quintal :

Eau	72
Fibres ligneuses	2
Amidon	26
	100

« On voit, en comparant ces analyses, que, pour rapprocher autant que possible la pomme de terre de la farine de blé, sous le rapport de la panification, il faudrait ajouter à 100 de pommes de terre, 4,63 de matière animale, et 1,53 de substance sucrée.

« En mélangeant ces trois substances, on aurait évidemment une espèce de farine nutritive et aussi facile à convertir en pain que celle provenant du blé.

« La matière animale à ajouter à la pomme de terre pourrait être la gélatine ou la matière caséeuse. Quant à la substance sucrée, on pourrait la trouver à bas prix dans le sirop de fécule, ou dans le sucre de raisin.

« Pour préparer 100 kilogrammes de farine de pommes de terre animalisée, il faut :

264^{kg} de pommes de terre, qui valent.	4^{fr},95
Houille pour faire cuire ces pommes de terre à la vapeur.	» 66
12^{kg} de gélatine, à 1 franc par kilogramme . . . . . , ...	12 »
4^{kg} de sirop de fécule ou de sucre de raisin	2 »
Main-d'œuvre pour cuire ou écraser la pomme de terre et pour y mélanger la gélatine et la matière sucrée.	4 »
Le dixième des dépenses ci-dessus en sus pour tous les autres frais . .	2 ,36
	25^{fr},97

« Disons 26 francs (1).

(1) Pour convertir cette pâte en pain, il ne resterait plus qu'à lui donner la consistance convenable en y ajoutant de la farine, à y mélanger du levain, à faire

« On aura donc, pour 26 francs, une masse de pâte de pommes de terre animalisée, représentant 100 kilogrammes de farine de blé, telle qu'elle se vend dans le commerce, levant comme cette farine, et pouvant très bien servir à faire du bon pain. En ajoutant aux 26 francs la somme de 1^{fr},70 pour servir de bénéfice au fabricant, on trouve que la farine dont il s'agit pourrait être vendue à raison de 27^{fr},70 par 100 kilogrammes.

« 100 kilogrammes de farine de blé, de bonne qualité, se vendent à Paris 60 francs. Nous venons de voir que l'on pourrait y vendre 100 kilogrammes de farine de pommes de terre animalisée, pour la somme de 27^{fr},70.

« On voit, en comparant ces prix, et en supposant que ces deux espèces de farine se comportent de la même manière à la panification :

« 1° Que la farine de pommes de terre animalisée coûte moins de moitié que la farine de froment ;

« 2° Que le pain fait avec cette farine ne doit

lever la pâte, et à cuire le pain, comme on le fait de coutume.

On apporterait une grande économie dans la fabrication de ce pain de pommes de terre :

1° En écrasant les pommes de terre cuites à la vapeur, et en mélangeant la gélatine et le sucre de fécule ;

2° En pétrissant la pâte au moyen du pétrin mécanique ;

3° En cuisant le pain dans un système de fours chauffés alternativement par un seul foyer alimenté avec la houille, et rendu parfaitement fumivore.

revenir qu'à environ 25 centimes le kilogramme, ou à 50 centimes les 2 kilogrammes,

« La gélatine pouvant ne rien coûter dans les hôpitaux, on peut ainsi y avoir 100 kilogrammes de farine de pommes de terre animalisée pour 14 francs.

« Dans ce cas, la farine de pommes de terre ne coûterait qu'environ le quart de la farine de froment, et le pain fait avec cette farine ne reviendrait qu'à environ 25 centimes les 2 kilogrammes. »

BISCUIT D'EXTRAIT DE VIANDE

Le docteur E. Jacobsen, de Berlin, fait fabriquer, avec l'extrait de viande de M. Liebig, un biscuit qui sert à préparer promptement une soupe corsée et très nourrissante. Un kilogramme de ce biscuit équivaut sous ce rapport, selon l'inventeur, à 4 kilogrammes de viande de bœuf. On le débite en dix tablettes du poids total de 125 grammes correspondant à 500 grammes de viande et pouvant fournir 5 grosses assiettées de soupe. Pour s'en servir on casse ou on pile la quantité nécessaire de biscuit, on arrose avec de l'eau bouillante à laquelle on ajoute un peu de sel, on y mélange si on veut quelques légumes ou herbes d'une cuisson facile, et au bout de peu de temps on a une soupe ayant la saveur et l'arôme des produits frais du pot au feu.

Le biscuit d'extrait de viande peut aussi être mangé tel ou trempé dans le vin et, partagé qu'il est en tablettes, il peut servir très bien aux soldats en campagne et aux voyageurs. On le recommande aussi pour les ambulances et pour alimenter les blessés sur le champ de bataille, etc.

Ce biscuit, dit-on, se conserve fort bien, il ne moisit pas, et, malgré la matière grasse qu'il renferme, il ne rancit pas. Il est recouvert d'une couche de gélatine qui en obstrue tous les pores et le met à l'abri du contact de l'oxygène. En Angleterre et en Russie ces biscuits ont déjà été introduits avec succès dans le service des armées.

PAIN DE MUNITION

Depuis le 15 août 1853, la taxe d'extraction du son pour les blés tendres a été élevée à 20 kilogrammes pour 100 kilogrammes de farine nette et pour les blés durs à 12 $^0/_0$, et, d'après les règlements en vigueur, les farines tendres doivent fournir au maximum 140 kilogrammes de pain de munition par quintal et les farines dures, 150 kilogrammes.

Aujourd'hui, toutes les manutentions militaires sont munies de pétrins mécaniques de divers systèmes, adoptés à la suite d'expériences concluantes. En province même, l'usage de ces pétrins s'étend de plus en plus.

La fermentation panaire est obtenue avec des levains de pâte dans les conditions suivantes :

Le *levain-chef*, prélevé sur le levain de tout point d'un chargement précédent, est convenablement travaillé puis placé en corbeille, à une température favorable pendant 4 à 5 heures, suivant la saison. Lorsque son apprêt est terminé, on procède à un premier rafraîchissement au moyen d'une quantité d'eau tiède et de farine à peu près suffisante pour le quadrupler.

On a ainsi le *levain de première*, auquel on fait subir un apprêt de 3 à 4 heures. Dès que le but est atteint, on opère un second rafraîchissement pour doubler ce levain ; à cet effet on incorpore, comme précédemment, à peu près la moitié plus de farine que d'eau.

Le levain de première devient dès lors *levain de seconde* ; on lui donne à peine 3 heures d'apprêt, puis on le double par un troisième rafraîchissement qui l'amène à l'état de *levain de tout point*. Ce dernier subit à son tour un apprêt de 2 heures : il représente environ le tiers de la fournée à faire, on le pétrit avec de la farine et de l'eau salée (sel 0,53 % de pain), on laisse reposer pendant quelques instants, et, lorsque la pâte est au point convenable, on la met en pâtons. Ceux-ci sont maintenus dans des pannetons pendant 30 à 50 minutes, suivant le temps d'apprêt, puis mis au four de façon à ce qu'ils ne se touchent que sur quatre points.

Les pains que l'on en retire sont à quatre baisures et doivent peser, après ressuage, 1.500 gr., représentant la valeur de deux rations journalières de 750 grammes.

La cuisson du pain de munition se fait dans des fours de types variés, mais celui de M. Lamoureux est le plus employé que nous sachions. Cette cuisson dure de 45 à 50 minutes.

Le pain, à sa sortie du four, est placé sur des étagères installées dans des chambres bien aérées pendant 12 à 15 heures ; c'est ce qu'on appelle le *ressuage*.

Lorsque le pain est refroidi, il prend le nom de *pain frais*.

Au bout de 24 heures le pain est rassis, on le distribue alors aux troupes.

Le pain de munition a la forme d'un disque aplati sur une de ses faces et bombé sur l'autre. Son diamètre est de $0^m,27$ et sa hauteur à la partie moyenne, de 0,095 environ.

La croûte supérieure est adhérente à la mie, lisse, fine, de couleur franche, tirant sur le jaune foncé, sans soufflures, ni crevasses. La croûte inférieure légèrement brune, bien formée, ne doit pas avoir plus de 4 millimètres d'épaisseur. La mie est bien ouverte, sèche, légère, élastique.

Le pain a une odeur douce et balsamique, une saveur agréable. Il doit pouvoir se conserver de 8 à 10 jours sans se gâter et sans moisir.

Le pain de munition tel qu'on l'obtient aujourd'hui présente un tiers de croûte pour deux tiers de mie. Sa composition est représentée d'après le Laboratoire du Comité de l'Intendance Militaire, dirigé par M. Balland, par les moyennes suivantes (en centièmes) :

Eau	3o »
Acidité	0,15
Matières azotées	9 »
Matières grasses . . . , ...	0,65
Matières sucrées	1,80
Ligneux	9,55
Cendres	0,90
Matières amylacées (par différence) . .	47,95
	100 »

Composition de la croûte. — La composition de la croûte totale est la suivante :

Eau	24,66
Croûte sèche	75,34
	100 »

Composition de la mie. — On a obtenu pour la mie :

Eau	47,82
Mie sèche . . . . , .	52,18
	100 »

Composition du pain. — Le pain entier a donné :

Eau	39,24
Pain sec	60,76
	100 »

Les farines des manutentions militaires se composent de toute la farine première et de la farine des gruaux remoulus ; mélangées ensemble elles fournissent un pain qui, par l'ensemble de ses propriétés, tient le milieu entre le pain de première et de deuxième qualité de la boulangerie civile.

PAIN DE GUERRE

Depuis 1894. on a substitué le pain de guerre au biscuit.

Par *pain de guerre* on doit entendre un produit réunissant en un volume très-réduit, les qualités nutritives et digestives du pain ordinaire.

Ce produit doit se conserver pendant un an sans altération ; ses dimensions permettent son placement facile dans le sac du soldat et il doit résister aux chocs occasionnés par les divers modes de transport.

En vue de faciliter sa consommation en temps de paix, il doit pouvoir être facilement employable comme pain de soupe.

Le pain de guerre est fabriqué exclusivement avec des farines de blés tendres, des levains de pâte ou de la levure de grains, de l'eau et du sel.

Les farines sont blutées au taux minimum de 30 %, représentant l'extraction des sons.

La croûte est peu épaisse, la mie blanche et poreuse, l'odeur et la saveur agréables ; à 40°, ce pain absorbe 4 à 5 fois son poids d'eau. Dans l'eau bouillante, il est trempé en six minutes. De plus, à l'état sec et cassé en morceaux, il s'imprègne facilement des sucs digestifs et est d'un bien meilleur emploi que l'ancien biscuit de troupe.

Les galettes du pain de guerre ont, après cuisson, les dimensions moyennes suivantes :

Longueur 0^m,070 ; largeur 0^m,065 ; épaisseur 0^m,025.

Les faces sont pointillées à 0^m,001 de profondeur,

sans cloches, soufflures ou gerçures, et portent en dessus, le nom du fournisseur, le mois et l'année de fabrication.

Le poids de chaque galette est de 50 grammes.

DU PAIN SANS LEVAIN

Nous savons, par les témoignages des historiens, que l'on commença d'abord par manger le blé cru, et qu'ensuite on le fit cuire comme le riz. Mais comme tout se perfectionne peu à peu, on ne tarda pas à le réduire en farine et à en faire des bouillies plus ou moins épaisses (1); enfin, à former une pâte avec la farine et l'eau, et à la faire cuire sous la cendre. Bientôt après, la cuisson de ce pain informe eut lieu dans des fours; enfin, l'oubli de quelque morceau de pâte dans le pétrin, et incorporée ensuite dans la nouvelle pâte, fut probablement l'origine de la découverte du levain, pour obtenir un pain supérieur en bonté et en qualité. Cette découverte date de temps immémorial, puisque cette pratique était connue des Égyptiens. En effet, Moïse dit que ce peuple avait tellement pressé le départ des Israélites, que ceux-ci n'avaient pas eu le temps de mettre le levain dans la pâte. Il est bien démontré que les Hébreux faisaient deux sortes de pain, l'un avec le levain et l'autre sans levain. Celui-ci était le *pain azyme*, ou sans

(1) On sait que primitivement les soldats romains portaient de la farine dans un petit sac, laquelle, délayée dans l'eau, leur servait bien souvent de nourriture.

levain, qu'on mangeait lors de la fête des Azymes, qui est la Pâque des Juifs. Ceux-ci, pendant les huit jours que dure cette fête, ne mangent pas d'autre pain, qu'ils nomment *pain de Pâques*. C'est une espèce de galette sans levain ni sel, mince, ronde, perforée, blanche, très sèche, très cassante et très peu cuite.

On en prépare une autre espèce, à laquelle on ajoute des œufs et du sucre. Il paraît que les Egyptiens durent la connaissance du pain avec le levain aux Israélites. Quoi qu'il en soit, il n'en est pas moins vrai que c'est en Egypte paraît-il que l'art de fabriquer le pain a été perfectionné. Les Grecs, qui allèrent puiser chez les Egyptiens les rudiments des sciences et des arts, y acquirent celui de la panification qui, de ce dernier peuple, passa aux Romains, et que ces derniers portèrent, avec leurs conquêtes, chez la plupart des peuples civilisés, d'où cette connaissance se propagea dans les diverses parties du monde.

Le pain préparé sans levain est lourd, ne gonfle presque point, et n'acquiert jamais cette saveur qui est propre au pain avec le levain. Aussi, à l'exception du pain azyme dont nous avons parlé, n'en prépare-t-on qu'un au beurre pour faire de la pâtisserie, diverses qualités de gâteaux, etc.

PAIN DE DEXTRINE

On pétrit la pâte comme à l'ordinaire, si ce n'est qu'on emploie environ un dixième moins d'eau.

On réserve les deux tiers de ce dixième pour délayer le sirop de dextrine avec la levure pressée.

Lorsque l'on a terminé la contrefrase, comme à l'ordinaire, on donne le bassinage à la pâte en employant, au lieu d'eau, le mélange de sirop étendu et de levure ; on opère le battement de façon à bien aérer la pâte, puis on laisse lever.

Le four doit être un peu moins chaud que pour le pain ordinaire.

Afin de donner une plus belle apparence, on pose les petits pains sur une plaque en cuivre que l'on enfourne aussitôt.

On prépare aussi des petits pains, dits *en timbales*, en mettant la pâte dans une timbale en cuivre, et l'on pose un couvercle dessus : si l'on veut qu'à l'imitation des pains anglais la croûte reste blonde, deux petits trous de 2 millimètres de diamètre, percés dans le couvercle, suffisent pour faire échapper la vapeur.

On emploie 6 parties de sirop en poids pour 100 parties de pâte ; on en peut mettre jusqu'à 10 pour obtenir un goût plus sucré.

Si, au contraire, on voulait diminuer la saveur sucrée, il suffirait de mettre la levure avec le sirop étendu trois ou quatre heures d'avance, et de maintenir le mélange, légèrement tiède, de 25 à 30 degrés du thermomètre centigrade.

On pourrait introduire jusqu'à 33 $^0/_0$ de dextrine dans le pain ; mais il faudrait préparer celle-ci le moins sucrée possible.

PAIN DE BLÉ DÉCORTIQUÉ EN ENTIER, ET DE BLÉ GERMÉ

1° *Pain de blé décortiqué.* — Il y a longtemps

qu'on a proposé de faire servir le blé décortiqué dans la panification. Le froment, privé de son enveloppe la plus grossière et trempé, peut doubler de volume en absorbant un peu plus de 5o $^0/_0$ de son poids d'eau. Il conserve intégralement tous les principes alibiles. Mêlé à la farine, il prend la forme alimentaire habituelle et grâce à l'eau dont il est imprégné, il subit une cuisson analogue à celle qu'éprouve la pâte des grains moulus.

Suivant M. Dubrunfaut, le froment trempé, puis pressé entre deux cylindres de bois ou de fonte, formant laminoirs, entrerait avec plus de perfection dans la panification ; il suffirait en effet de le mêler avec une certaine proportion de farine pour l'assimiler à ce dernier produit sans rien changer à l'aspect du pain.

Il y a plus, c'est que le froment entier, encore dans son enveloppe, peut également servir à la panification et n'exige qu'une trempe préalable qui, à une température convenable, peut s'effectuer facilement et promptement dans les ateliers de boulangerie, puis, écrasé et mélangé à de la farine, entrer dans cet état dans la fabrication d'un pain salubre et nourrissant.

Procédé de panification directe du blé sans mouture, par M. Sézille. — Le grain de blé, d'après un illustre savant, ne contient que 4 à 5 $^0/_0$ de pellicule épidermique non digestible. Il en résulte que toutes les parties du fruit du blé qui restent sont un aliment plus complet pour en faire le pain, lorsqu'elles sont mélangées ensemble ; c'est le principe que M. Sézille met en pratique.

Le système employé jusqu'ici pour transformer le blé en pain, en passant par la réduction en farine, n'a guère permis que d'utiliser 80 % de pain bis-blanc, équivalant à 112 kilogrammes de pain bis-blanc pour 100 kilogrammes de blé.

M. Sézille, par son système qui supprime la mouture, dit obtenir un rendement de 145 à 150 kilogrammes de pain bis-blanc pour 100 kilogrammes de blé lequel rendement dépasse de 33 % le rendement ordinaire et permet, dans ce cas, d'économiser, rien que pour la France, près de 25 millions d'hectolitres de grain, quantité qui se chiffre par centaines de millions, et rendrait impossibles à l'avenir les crises commerciales provenant du déficit dans la récolte des céréales et principalement du froment.

Voici comment l'auteur procède d'après la note insérée dans le *Génie industriel*, t. 39, p. 77.

Première opération. — On verse de l'eau dans une cuve ou tout autre récipient ; on y plonge le blé que l'on agite dans l'eau, pendant quelques minutes, au moyen d'une pelle ; s'il y a des grains avariés ou trop maigres, ils surnagent et on les enlève. L'agitation a encore pour but d'enlever la poussière ou toute autre impureté qui se dissout dans l'eau ; après une demi-heure de séjour, on fait écouler l'eau qui est toute trouble, même dans les blés les mieux nettoyés ; après avoir laissé le blé égoutter, on le fait passer dans un cylindre en tôle piquée, les aspérités étant, bien entendu, dans l'intérieur du cylindre, ce qui permet d'enlever rapidement et presque sans force 2 ou 3 % de la première pellicule épidermique qui est la plus grossière ; quant à la deuxième pellicule et à celle qui se trouve à la rainure longitudiderme, elle ne dépasse pas 2 %, et comme elle se trouve mélangée à la fin des opérations dans 150 kilogrammes de pain, elle a peu d'importance au point de vue nutritif.

Deuxième opération. — La deuxième opération consiste à mettre le même blé, dont une partie de l'épiderme a été enlevée, dans une cuve pleine d'eau à la température de 20 à 25° centigrades, dans les proportions de 200 kilogrammes de blé, afin qu'il y ait une certaine quantité d'eau au-dessus du blé.

Au préalable, et c'est là le point capital du système, on mélange dans cette eau 1 kilogramme de levure demi-sèche et 150 à 200 grammes de glucose ; alors la matière fermentescible en dissolution dans l'eau, agit peu à peu sur le grain de blé, le pénètre lentement, et après vingt à vingt-quatre heures d'immersion, suivant les espèces de blé et la température, ce même grain de blé, qui a absorbé de 50 à 70 o/o d'eau, se trouve propre à la fermentation panaire : immédiatement on décante l'eau, qui est rougeâtre, et on procède à la troisième opération ; cette eau rougeâtre provient de la matière colorante qui se trouve sous l'épiderme du grain et qui se dissout en partie sous l'action probablement du ferment, ce qui vient encore en aide à ce système pour faire du pain blanc.

Troisième opération. — Après l'égouttage du blé, on le met dans une trémie, qui, au moyen d'un distributeur, le fait passer entre une paire ou deux de cylindres. Le grain qui est mou et a à peu près la consistance du fromage de Gruyère se met facilement en pâte. Cette opération a encore pour but de réduire en parties excessivement fines la deuxième pellicule et celle de la rainure du blé, dont il a été question plus haut, afin de les mélanger intimement.

L'opération de la réduction en pâte étant terminée, on prend la quantité de sel nécessaire pour donner du goût au pain et on le délaye dans l'eau, puis l'on verse le tout sur la pâte qui est disposée dans un pétrin ; on donne deux ou trois tours de main pour réunir et bien mélanger toutes les parties de la pâte, et l'on procède pour le reste comme dans le procédé ordinaire, c'est-à-dire que l'on divise la pâte en pâtons, on la tourne, on laisse terminer la fermentation et au moment voulu on met au four.

Le blé prenant de 50 à 70 0/0 d'eau suivant la température, on conçoit que lorsqu'il n'en prend que 50 0/0 il n'en a pas la quantité voulue pour se panifier ; il convient d'ajouter de 18 à 20 0/0 d'eau suivant ce qui sera jugé convenable, et cette introduction n'exigera aucun travail en plus, puisqu'il est nécessaire, après la réduction en pâte du blé, de donner quelques tours pour mieux mélanger le tout ; l'absorption de l'eau par le gluten se fait rapidement par la même occasion.

2° *Pain de blé germé.* — On a coutume, en Angleterre, de remplacer, dans la boulangerie fine, la farine ordinaire par celle du froment soumis préalablement à un maltage qui développe du sucre et produit encore d'autres modifications avantageuses pour le goût du pain ; il en résulte, dans tous les cas, une grande économie de sucre. Ce maltage s'exécute à peu près comme celui qui est employé en Allemagne pour la fabrication de la bière de froment ; seulement on y apporte plus de soin. Au moyen du crible, on extrait d'abord, autant que possible, du blé, toutes les graines étrangères, puis on le lave pour enlever toute la poussière ; on le place ensuite dans un vaisseau convenable, et l'on verse par-dessus assez d'eau pour le couvrir d'une couche liquide d'environ $0^m,10$ de hauteur. Cette eau doit être renouvelée au moins toutes les douze heures. Les grains se gonflent promptement, au point que l'on peut facilement les écraser avec les doigts ; il faut, pour cela, de 24 à 36 heures, selon que la température est plus ou moins chaude. On fait alors couler l'eau, et l'on étend le froment en couches de $0^m,20$ à $0^m,25$ d'épaisseur, sur des planches bien propres. La germination se développe, et l'on doit retourner les grains assez souvent pour les empêcher de trop s'échauffer. Il ne faut pas laisser les germes acquérir plus de $0^m,005$ de longueur : on les étend alors en couches minces et à l'ombre, dans un lieu aéré où on les laisse se flétrir ; on les sèche ensuite sur un fourneau modérément chauffé, en ayant soin de ne pas les roussir, parce qu'ils donneraient une farine brune. On sépare enfin les germes et l'on moud le malt par les mêmes moyens que le froment.

Les portions non digestibles éliminées des farines blanches auraient pu remplir elles-mêmes un rôle utile, car on a depuis très longtemps constaté en Angleterre que, pour entretenir normalement l'intégrité des fonctions digestives, il convient de consommer de temps à autre un pain confectionné avec le produit de la mouture du froment, sans en rien séparer, c'est-à-dire le produit que l'on désigne communément sous la dénomination de *pain de son*. On fabrique, dans plusieurs grandes boulangeries de Paris, ce pain spécial dont la mie est brune, et que l'on pourrait, à juste titre, nommer *pain de froment*.

« Le problème de la fabrication économique d'un pain de ce genre me semble, a dit M. Payen, dans la séance de l'Académie des sciences du 26 septembre 1870, être aujourd'hui résolu. En effet, dans une des dernières séances de la Société centrale de l'Agriculture, M. Sézilles a bien voulu, à ma demande, présenter un remarquable spécimen d'un pain qu'il fabrique couramment en Hollande, et qui subvient à une alimentation économique et salubre. Le procédé est simple, et dispense d'ailleurs de la mouture et des blutages.

« Voici en quoi il consiste : le blé, d'abord superficiellement humecté, est soumis à une légère décortication qui le dépouille de son épicarpe, formant environ 5 centièmes seulement du poids total. Le grain, ainsi décortiqué, est immergé dans l'eau à + 30 ou 35°, pendant sept à huit heures, jusqu'à ce qu'il en ait absorbé une assez grande quantité (50 à 60 centièmes) pour céder à la pression sous les doigts. On le malaxe alors entre des cylindres, pour le réduire en pâte. Cette pâte est aussitôt soumise aux procédés usuels de panification à l'aide de levain ou de levure.

« Les échantillons qui nous ont été présentés ont paru d'excellente qualité ; la nuance un peu brune de la mie a pu être sensiblement améliorée, à l'aide d'une fermentation plus rapide de la pâte. Cette nuance était d'ailleurs bien moins foncée que celle des pains dits *de son*, qui sont consommés périodiquement en Angleterre et habituellement par un assez grand nombre de personnes en France, comme alimentation hygiénique.

« Sans doute, il serait bien désirable que l'on parvînt à obtenir ce pain de froment exempt de la coloration brune, qui déplaît aux consommateurs, bien qu'elle soit exempte de toute influence sur les qualités alimentaires ; peut-être l'intérêt de ménager nos subsistances, tout en améliorant le régime alimentaire, viendra-t-il apporter son concours pour vaincre ce préjugé. »

PAIN OXYGÉNÉ

On emploie en Angleterre un nouveau moyen d'introduire de l'oxygène dans l'organisme par l'estomac ; ce moyen a été indiqué d'abord par M. Welton, puis recommandé particulièrement par M. Birch ; il consiste dans l'alimentation à l'aide de pain imprégné d'oxygène. Pour obtenir cette imprégnation on soutire au pain, à l'aide d'une pompe à air, une partie du gaz acide carbonique et de l'air atmosphérique contenu dans ses pores, et on leur substitue un volume égal d'oxygène.

Ce pain présente l'inconvénient de moisir très rapidement, mais on peut y parer en employant du pain sans levain et en plaçant un papier imbibé d'une solution d'acide phénique dans le couvercle de la boîte dans lequel on le renferme, ce qui ne modifie pas sensiblement la saveur du pain.

Une seule bouchée de ce pain oxygéné fait disparaître, dit-on, le manque d'appétit et provoque une sensation de bien-être à l'épigastre chez les personnes atteintes de dyspepsie. Dans les cas d'embarras gastriques provenant d'un affaiblissement nerveux, d'assimilation incomplète et d'affections scrofuleuses, il paraîtrait que l'usage de ce pain produirait un mieux sensible déjà au bout d'une ou deux semaines.

FABRICATION DOMESTIQUE DU PAIN DE M. EECKMANN-LECROAT

M. Eeckmann-Lecroat, de Lille, est inventeur d'un système de fabrication domestique du pain qui a été primé dans divers concours et dont voici une description sommaire :

L'appareil se compose d'abord d'un pétrin en forme de demi-cylindre établi en tôle étamée et plongeant dans un bain-marie. Le corps du pétrin est une caisse en bois fermée par un couvercle ; cette caisse sert en même temps de base au pétrin et de table pour apprêter le pain. Le pétrisseur est en fer étamé et a la forme de doigts crochus. Une manivelle qui commande un engrenage fait marcher l'appareil qui se nettoie avec la plus grande facilité, quand on ouvre le couvercle.

Pour faire le pain avec cet appareil, si c'est la première fois que l'on cuit et si l'on n'a pas à sa disposition un morceau de pâte datant de 3 à 4 jours, il faut, 12 heures avant de pétrir, mélanger 1 litre 1/2 de farine dans 1/2 litre d'eau tiède, y jeter une ou deux cuillerées de levure, bien délayer le tout et en faire un pâton qu'on place au fond du pétrin pour le préserver du froid. Deux heures après cette préparation, on ajoute la même quantité de farine et d'eau, et le tout bien mélangé forme un double pâton, qui, au bout de 2 heures, le levain ayant bien agi, a pris un volume d'un tiers plus considérable. Avec cette quantité de levain, on pourra pétrir 12 litres de farine et 4 litres d'eau ; on aura environ 13 kilogrammes de pâte. Le pétrissage devra se faire en ajoutant tiers par tiers l'eau et la farine, et vers la fin on aura soin de saler à la dose convenable. Quelques minutes suffisent pour que le pétrissage soit parfait.

Si l'on a employé de l'eau chaude et si l'on opère dans une chambre à 20° C., le pain est levé au bout de très peu de temps. En attendant, on allume le feu dans le four. Ce four est composé de plaques tournantes superposées auxquelles des portes donnent accès ; elles tournent sur un pivot à l'aide d'une manivelle. En bas se trouvent d'un côté la porte du foyer et de l'autre celle d'une chambre chaude où l'on fait sécher la pâtisserie ou cuire des viandes. La fumée est conduite au dehors par un tuyau en tôle. Un thermomètre indique la température convenable pour la cuisson, environ 200° C.

Les pétrins de ce système coûtent de 60 à 200 francs, selon qu'ils sont faits pour 13 à 100 kilogrammes de pâte. Le prix des fours varie de 135 à 350 francs.

PROPRIÉTÉS DU PAIN

L'observation a démontré que le pain chaud est d'une digestion difficile. En effet, sa mie est encore molle, pesante et comme glutineuse ; de là vient qu'en cet état cet aliment produit de graves indigestions, et provoque même le retour des fièvres intermittentes. Le pain chaud répand une odeur que bien des gens ne peuvent supporter. On doit donc laisser bien refroidir le pain avant de le manger ; mieux vaut même ne le manger que le lendemain ou quelques jours après. Dans les ménages où on le prépare pour huit ou dix jours, lorsqu'on pétrit, on a encore du pain pour deux jours. Nous ne saurions trop louer cet usage hygiénique qui offre, outre cela, un grand principe d'économie.

Rappelons ici ce qui a déjà été dit, que la croûte du pain est plus riche en principe alimentaire que la mie. L'expérience l'a démontré suffisamment. Peu de chimistes se sont occupés de l'analyse du pain. M. Vogel, dans ses recherches analytiques sur le froment, l'avoine et le riz, a annoncé que le pain cuit contient de la gomme, et environ autant de sucre que la farine. Comme ces deux substances sont très peu nutritives, nous ne leur attribuerons point les qualités alimentaires du pain. Notre ouvrage n'étant pas d'ailleurs écrit dans ce but, nous nous bornerons à dire que le pain à levain est un des aliments qui est le plus en harmonie avec nos organes, et qui convient à tous les âges, à tous les sexes et à tous les tempéraments, tant par son goût que par la facilité de sa digestion et son assimilation avec les fluides animaux.

Il n'en est pas de même du pain sans levain. Il est lourd, d'une digestion difficile, et ne convient nullement aux vieillards, aux enfants, ni à ceux d'une constitution faible, encore moins aux malades. Quelques écrivains se sont élevés, cependant, contre l'usage du pain, qu'ils ont regardé comme préjudiciable à la santé ; d'autres, à l'exemple des Anglais, ont conseillé d'en manger peu : il en est enfin qui, avec Celse, ont soutenu que l'on devait donner la préférence au pain sans levain. De quelque poids que soit l'autorité de cet illustre médecin, nous lui opposerons l'observation d'un nombre de siècles que nous ne saurions préciser. Nous adopterons volontiers l'opinion suivante, qui a été émise par le rédacteur de la *Bibliothèque physico-économique*, en réponse aux assertions précitées.

Ces opinions, dit-il, sont évidemment trop exagérées pour mériter d'être combattues. Nous nous bornerons à observer que le pain seul n'est pas aussi soluble que mêlé avec des substances plus nourrissantes que lui. Dans un petit volume, il donne un grand relief aux autres aliments, s'oppose au dégoût qui naîtrait bientôt de l'usage de la chair seule, et contrarie la tendance à la putréfaction de la nourriture animale.

La quantité de pain qu'on doit manger doit être proportionnée à l'âge, au degré de vigueur que l'on possède, et aux circonstances de la santé. Un enfant ne doit pas goûter de pain avant l'âge d'un an. Cet aliment ne servirait qu'à produire chez lui la flatulence, la constipation et à débiliter sa constitution. Après un an, il faut encore en modérer la quantité, et lui substituer même, lorsque l'enfant est délicat, une petite quantité de biscuit de mer réduit en poudre, ou une décoction bien cuite de gruau d'avoine. Dans la seconde enfance, et à mesure qu'on avance en âge, on doit augmenter la proportion du pain en raison de la vie active qu'on mène. Un homme laborieux et actif consomme 1 kilogramme de pain par jour. La moitié est suffisante pour une personne qui mène une vie calme et sédentaire ; elle est trop forte pour celle qui est réduite à l'état de convalescence ou de maladie.

On s'accorde assez généralement à regarder le pain bis comme plus sain que le pain blanc pour les personnes d'un bon estomac. Ce choix n'est pas, cependant, d'une grande importance. On suspecte le beau pain blanc de contenir quelquefois une petite quantité d'alun, qui, sans le rendre nuisible, produit souvent une constriction de l'estomac. Le pain salé se digère mieux que celui qui ne l'est pas.

SUR LA TRANSFORMATION DU PAIN TENDRE EN PAIN RASSIS

M. Lindet a présenté en 1902 à l'Académie des sciences une excellente étude sur la transformation du pain tendre en pain rassis, dont nous donnons ici le résumé :

A partir du moment où il sort du four, le pain subit une série de transformations successives qui l'amènent à l'état de pain rassis. Son arôme se modifie, il devient quelquefois plus acide, sa croûte cesse d'être cassante, prend de la ténacité et de la souplesse ; sa mie, qui était grasse, collante, élastique, se désagrège et s'émiette.

M. Boutroux a montré le premier qu'il se fait, pendant le refroidissement, un échange d'eau de la mie vers la croûte. On peut aisément expliquer la mollesse de celle-ci par l'absorption d'eau qu'elle subit ; mais la transformation de la mie, devenue facile à émietter, ne peut résulter d'un changement d'hydratation qui est toujours très-faible, ainsi que l'ont constaté Boussingault et M. Balland.

M. Boutroux a donné à l'amylodextrine un rôle prépondérant dans les phénomènes qui provoquent la désagrégation de la mie ; pour lui, sous l'influence des diastases du grain et de la chaleur du four, il se forme de l'amylodextrine ou amidon soluble, en solution sursaturée. Au moment du refroidissement, celle-ci se dépose sous forme insoluble. Les chiffres qu'a obtenus

M. Lindet vérifient pleinement les observations de M. Boutroux ; mais ce phénomène n'est pas isolé et la rétrogradation de l'amylodextrine n'est qu'une partie du travail intérieur auquel le pain est soumis.

A côté de l'amylodextrine, il y a lieu de considérer, en effet, l'empois, insoluble dans l'eau ; celui-ci se présente dans des états de gélatinisation plus ou moins avancés. Quand on cherche, en effet, à doser l'amidon par la pepsine chlorhydrique, on constate qu'une partie de l'empois, la plus gélatinisée, se dissout dans cet acide faible, en sorte que la quantité d'amidon non dissous par rapport à l'amidon total peut mesurer le degré de gélatinisation de l'empois.

En outre, il convient de considérer que le grain d'amidon mis en empois absorbe, en présence d'un excès de liquide, une quantité d'eau qui est en rapport avec son degré d'éclatement et de perméabilité.

Pour connaître ce facteur. M. Lindet a imaginé de recueillir dans une éprouvette graduée, avant de le saccharifier, l'amidon, isolé par la pepsine ; de mesurer le volume du dépôt, au bout d'un temps déterminé (vingt-quatre heures). Le dosage par saccharification permet alors de calculer le volume occupé par un gramme d'amidon ; ce volume doit être divisé par celui qu'occupe un gramme d'amidon cru, pris dans les mêmes conditions. Le chiffre ainsi obtenu, que M. Lindet appelle coefficient d'absorption, représente ce que le grain d'empois peut absorber d'eau.

M. Lindet a suivi par l'analyse les transformations qui ont lieu pendant le temps que met le pain à prendre les caractères de pain rassis. Les chiffres sont consignés dans le tableau suivant :

	heures après sortie du four	Eau	Dextrines pour 100 du pain sec	Amidon insoluble dans HCl faible pour 100 de l'amidon total	Coefficient d'absorption d'eau
Croûte	1	11,4	17,0	101,4	4,6
	8	15,9	17,2	97,5	4,6
	24	19,3	17,6	100,4	4,5
	48	19,9	non dosées	98,5	4,1
Mie I.	1	46,1	11,1	77,4	6,7
	5	45,6	non dosées	non dosé	5,8
	8	45,4	7,3	91,0	4,4
	24	45,3	2,3	91,8	3,2
	48	44,9	2,0	92,6	3,5
Mie II.	8	44,9	6,9	86,7	3,9
	36	44,5	3,6	89,2	2,8
	60	42,8	3,1	89,5	2,8
Mie III.	8	45,0	5,4	89,1	4,2
	100	41,3	2,4	89,2	2,9

Les résultats obtenus diffèrent nettement suivant que l'on considère la croûte ou la mie. La composition de la croûte, si on laisse de côté son hydratation, reste invariable. La quantité de dextrines est plus considérable que dans la mie ; mais aucune portion de ces dextrines ne rétrograde. L'amidon est éclaté ; il est capable d'absorber quatre fois au moins son volume d'eau, aussi bien au sortir du four que quarante-huit heures après, mais il n'est pas muqueux ; il ne se dissout pas partiellement dans l'acide faible, puisque l'amidon recueilli représente la totalité de l'amidon existant.

C'est la mie au contraire qui est le siège de toutes les transformations. Le poids des dextrines solubles atteint plus de 10 o/o du pain sec au moment où le pain sort du four. Ce poids diminue progressivement avec le repos jusqu'à ce qu'il ne représente plus que 2 o/o. Il est évident que le produit qui rétrograde ainsi est de l'amylodextrine, la dextrine proprement dite ne pouvant s'insolubiliser dans ces conditions. L'amidon que l'acide faible dissolvait, au début, dans des proportions de 20 à 25 o/o, cesse rapidement de s'y dissoudre en prenant un état moins muqueux. Enfin, on voit le grain d'amidon empesé, susceptible d'absorber une quantité d'eau de plus en plus faible. Il en retient plus de six fois son volume, quand le pain est chaud ; quand il est rassis, il en absorbe deux fois moins ; l'amidon s'est donc contracté et racorni avec le temps, puisqu'il est devenu moins perméable.

De ces considérations on peut déduire que la tendance de la mie à l'émiettement résulte de ce que, au moment de la cuisson, les folioles des grains d'amidon éclaté s'enchevêtrent et forment une masse dont l'onctuosité et la ténacité disparaissent, dès que l'amylodextrine a rétrogradé, que l'empois est devenu moins muqueux, que le grain s'est racorni et que la masse contractée pré-

sente des fissures, des solutions de continuité.
L'action rapide au moment du refroidissement se
continue plus lentement, devient presque nulle
après vingt-quatre heures. Quand, en réchauffant
le pain rassis, on lui fait reprendre l'aspect du
pain tendre, c'est que, comme l'a dit M. Boutroux, on reforme de l'amidon soluble ; en outre,
on redonne à l'empois l'ampleur et le développement qu'il avait perdus.

M. Lindet fait remarquer qu'il y a certainement
à tirer de ces renseignements des conséquences
intéressant l'alimentation. Sans vouloir entrer
dans le domaine de la physiologie, il fait observer
que l'amidon, dans la mie, n'est hydraté que de
son volume d'eau, et qu'en cet état il peut être
digéré. Quand la mie est tendre, l'amidon y est en
partie soluble, en tout cas dans un état muqueux
favorable à l'assimilation ; mais, sous peine de la
sentir gonfler dans l'estomac, celui qui la consomme doit boire peu. Les grands mangeurs de
pain, qui boivent largement à leurs repas, les
campagnards, s'adressent généralement au pain
rassis, qui absorbe moins d'eau. La croûte renferme plus de dextrines solubles que la mie ; son
coefficient d'absorption est assez élevé, et il est
constant. Pour un même coefficient, elle gonfle
plus que la mie, puisqu'en l'état où on la consomme elle est moins hydratée.

CONSERVATION DU PAIN

Le pain se conserve d'autant mieux qu'il contient moins d'eau, qu'il est moins gros et qu'il

est plus cuit. Ces faits ne sauraient être révoqués en doute. En effet, si le petit pain perd davantage de son poids par la cuisson, il est bien évident qu'il doit retenir moins d'eau, sous le même poids, que le gros pain. Il en est de même des pains dans la pâte desquels on aurait incorporé trop d'eau, ou qui ne sont pas suffisamment cuits. Ainsi, il est force boulangers qui, mettant une moindre quantité de pâte que ne le prescrivent les règlements de police, en faisant moins cuire leur pain, retrouvent, à peu de chose près, le poids prescrit, parce qu'il y a moins de déperdition d'eau ; mais ce pain a une couleur blanchâtre, à moins qu'il n'ait été surpris par le four fortement chauffé ; sa mie est mollasse, elle se pétrit entre les doigts, et n'a pas toute l'élasticité convenable. Ce pain, comme on dit, *n'est pas de garde* : il se moisit au bout de quelques jours.

Les propriétaires et les habitants des campagnes, qui font ordinairement leurs pains depuis 2 jusqu'à 6, 7 et demi, 10 et même 15 kilogrammes, le font cuire fortement et le conservent en bon état jusqu'à 15 jours et même au delà. L'on a observé que l'addition d'une partie de farine de seigle sur trois de blé donnait un pain qui se conservait plus longtemps et même dans un état de fraîcheur. Nous ne pouvons qu'applaudir au mode de conservation du pain suivi dans les villages et les campagnes, qui pétrissent leur pain généralement pour huit à dix jours, et quelquefois pour quinze, principalement dans les fermes.

Ce mode consiste à placer ces pains séparément

sur de larges claies, ou sur une échelle qu'on suspend au plancher. L'air, en circulant ainsi constamment autour des pains, en dessèche la surface et contribue à leur conservation.

Lorsqu'il arrive que le pain est mal cuit et qu'il commence à se moisir, on le *passe au four* ; c'est-à-dire qu'on l'asperge légèrement et qu'on le met dans le four, médiocrement chauffé, où il reste encore un quart d'heure. Le pain éprouve une nouvelle cuisson, sa croûte devient et plus colorée et plus épaisse, et sa mie se ramollit. D'autres pratiquent cette opération sans asperger les pains. Dans les ménages, quand le pain est trop dur, on le passe également au four pour le rendre plus tendre. Les boulangers de Paris, lorsqu'ils ont beaucoup de pains de reste de la veille, les passent également au four, tant pour les conserver que pour qu'ils n'aient pas l'air d'être *rassis*. Ce pain se reconnaît facilement à sa croûte épaisse, brunâtre et très cassante.

En résumé, pour la conservation du pain, on doit le bien faire cuire, ne faire prendre à la pâte que la quantité d'eau convenable à chaque qualité de farine, et le tenir placé dans un lieu sec et aéré ; car les salles basses et humides contribuent beaucoup à sa détérioration, et hâtent sa moisissure.

EFFET DÉLÉTÈRE DU PAIN MOISI

M. Chevalier a publié, en février 1831, des observations du docteur Westerhoff, sur deux empoisonnements produits, en 1826, par le pain de seigle moisi, sur deux enfants, l'un âgé de 8 ans et l'autre de 10 ans. Ce médecin apprit, quelques jours après, que des tabeliers avaient éprouvé des vomissements et des symptômes d'empoisonnement ; M. Westerhoff fut porté à attribuer cet effet au pain altéré par le *mucor mucedo*.

Au commencement de 1829, M. Baruel examina du pain *moisi* qui avait également causé quelques accidents, sans y reconnaître aucune substance vénéneuse.

Dans le midi de la France, dans la Catalogne, la Navarre, une partie de l'Italie et un grand nombre d'autres localités, chacun pétrit son pain et fait sa provision pour 8, 10 et même 15 jours, Il en résulte qu'en été on mange souvent du pain moisi, sans en éprouver aucun dérangement de santé. Cette diversité de faits ne pourrait-elle pas être attribuée à quelque autre cause accessoire à la moisissure du pain? Quoi qu'il en soit, les deux observations suivantes sont trop positives pour être révoquées en doute : elles sont dues à M. P. Pétry, médecin vétérinaire à Waremme.

Première observation. — Un cheval entier, vigoureux, sous poil bai, âgé de 6 à 7 ans, de race étrangère, mangea, le 9 septembre 1821, environ 1 kg. 250 de pain d'orge moisi. A midi, l'animal était triste, abattu, météorisé et refusant toute espèce de nourriture. Vers 4 heures il fut monté ; mais après une lieue de marche, son état était empiré au point qu'il se couchait, se relevait sans cesse, frappait la terre du pied, et éprouvait des symptômes de coliques. Un vétérinaire de Liège prescrivit une bouteille de vin et une saignée dans le cas où le mal augmenterait. Le lendemain, ce cheval expira au milieu des convulsions les plus violentes.

M. Pétry en fit l'autopsie. La muqueuse rosée ou duodénale de l'estomac (1) était, dans toute son étendue, très rouge, parsemée de taches noires gangreneuses ; cet état morbide se prolongeait jusqu'à 81 ou 108 millimètres sur la muqueuse du duodénum. La portion gastro-épiploïque du péritoine était également enflammée : toute sa surface était d'un rouge très marqué ; des taches noires et rouges se trouvaient en quelques endroits sur le poumon droit ; mais comme l'animal était mort couché de ce côté, M. Pétry ne regarde pas cette altération comme étant due à l'action délétère du pain moisi.

Deuxième observation. — Celle-ci a pour sujet un cheval suisse, vigoureux, auquel on donna du pain moisi trempé dans du vin, dans l'intention de restaurer ses forces épuisées par un travail excessif. Cette méthode est assez usitée chez les agriculteurs, de donner, en pareil cas, aux chevaux, du pain ordinaire et du vin. L'effet de cet aliment,

(1) Il est bon de faire observer que la membrane muqueuse de l'estomac de l'espèce chevaline n'est pas la même partout, sa nature diffère essentiellement. C'est ainsi que la portion cardiaque muqueuse est absolument blanche, très distincte de la muqueuse duodénale ou pylorique, qui est rosée ; leur ligne de démarcation est très visible.

moisi fut tel, que le cheval mourut après 12 heures de souffrances produites par des coliques affreuses. L'autopsie n'en fut point faite.

M. le professeur Goher fait aussi mention de trois empoisonnements produits par le pain moisi. Le premier s'observa sur une jument qui fut trouvée morte le matin à l'écurie, le second et le troisième sur un cheval et un mulet qui furent atteints de coliques violentes. Cet honorable vétérinaire ayant eu connaissance des précédentes observations, s'empressa de se livrer à quelques expériences sur l'action du pain moisi. Ces expériences, au nombre de douze, furent faites sur de vieux chevaux, atteints de morve ou autres affections; un seul fut atteint de coliques avec météorisation, sans cependant y succomber. Il conclut de ces essais :

1° Que le pain moisi n'est un poison pour les monodactyles que lorsqu'il est donné en très grande quantité, comme 4 kilogrammes ;

2° Qu'à la dose de 2 kilogrammes il peut produire des indigestions accompagnées de météorisations et d'accidents graves ;

3° Qu'à celle de 1 ou 1 kg. 50 il ne produit aucun effet.

Cette dernière assertion n'est pas exacte, comme le prouve l'observation première rapportée par M. Pétry.

M. Raymond, professeur de chimie à Lyon, attribue la météorisation produite par le pain moisi, et ses effets délétères, non à un principe vénéneux, mais à une grande quantité d'acide carbonique qu'il a reconnu se former lorsque le pain

est soumis, dans l'estomac, à l'acte de la digestion ; de sorte que les empoisonnements par le
pain moisi constituent de vraies coliques ven-
teuses qui, dans certaines circonstances, peuvent
devenir mortelles, et qu'on doit traiter comme les
météorisations. L'observation première de M. Pétry démontre cependant que l'altération qu'on
remarque sur la muqueuse, tient à une cause
encore plus grave que le météorisme. Il serait
utile que de nouvelles observations pussent éclaircir ce fait important.

FACULTÉ NUTRITIVE DES DIVERS GRAINS ET DU PAIN

Deux chimistes, MM. Schlossberger et Kempt,
ont soumis à une nouvelle analyse les substances
animales et végétales qui servent communément
à la nourriture de l'homme ; et, pour nous borner
ici aux matières qui nous concernent, nous dirons
que, si on considère la quantité d'azote que celles-
ci renferment comme la mesure de leur faculté
nutritive, ils ont trouvé qu'en représentant par
100 la proportion d'azote contenue en poids, dans
le lait humain (qui est égale à 1,59 %), les substances suivantes pouvaient être rangées dans
l'ordre que voici, relativement à cette faculté :

Lait humain	100	Pain blanc		142
Riz	81	Froment	100 à	144
Pommes de terre	84	Pain bis		166
Seigle	106	Pois		239
Maïs	100 à 125	Lentilles		276
Orge	125	Haricots		283
Avoine	138	Fèves		320

OBSERVATIONS GÉNÉRALES SUR LE PAIN

M. Parmentier, dans son article sur le pain, du *Dictionnaire raisonné et universel d'Agriculture,* a énuméré une série d'observations que nous croyons devoir reproduire.

L'opinion commune est que plus le pain se trouve compact, lourd et bis, plus il nourrit, parce qu'il reste davantage dans l'estomac ; mais l'expérience prouve absolument le contraire ; en effet, le pain qui offre le plus de volume présentant le plus de surface, les sucs digestifs doivent en extraire plus facilement et plus abondamment les parties nutritives ; ainsi le procédé qui perfectionne sa préparation le rend encore plus nutritif et plus économique, puisque l'air et l'eau y entrent en plus grande quantité.

C'est une vérité que l'expérience confirme tous les jours, que le pain le mieux fabriqué et le plus économique, n'est assurément pas celui qu'on prépare chez soi : aussi, dans la plupart des grandes villes, des bourgs, leurs habitants qui recueillent du grain préfèrent-ils le vendre et s'approvisionner chez le boulanger, du pain de leur consommation, parce qu'ils ne sont jamais dédommagés des soins, des embarras, des sollicitudes et de l'emploi du temps, pour n'obtenir souvent qu'un aliment défectueux.

Voici, du reste, le résumé des travaux de Parmentier :

1° Avant d'envoyer le blé au moulin, il faut le mouiller légèrement s'il est trop sec ; le faire ressuer sur le four, au contraire, s'il est par trop humide ou trop nouveau.

2° Il ne faut jamais faire moudre les différents grains ensemble ; c'est à tort qu'on suit cette pratique dans certains pays, parce que leurs formes et leurs qualités demandent que les meules soient élevées pour les uns et tenues basses pour les autres.

3° L'estimation à la mesure du produit du grain moulu induit en erreur ; c'est toujours au poids qu'il faut se faire rendre la farine et le son, soit qu'on paie le meunier en argent, ou qu'il reçoive son salaire en nature.

4° 100 kilogrammes de bon blé parfaitement nettoyé et moulu par la mouture économique, doivent rendre 75 kilogrammes de farine tant blanche que bise, et 25 kilogrammes de son, y compris le déchet, qui va à 1 kilogramme environ ; si on en obtient davantage, le surplus n'est que du son aussi fin que la farine.

5° Les blés secs peuvent se conserver longtemps sans frais, et à l'abri de tous les inconvénients, en les renfermant dans des sacs éloignés des murs et isolés, jusqu'au moment de les moudre et de les convertir en pain.

6° La farine se garde plus facilement que le grain, pourvu qu'elle soit sèche, séparée du son, tassée, à l'abri de l'air, de l'humidité, et renfermée dans des sacs isolés les uns des autres.

7° C'est dans la manière d'employer l'eau que consiste son principal effet ; on doit la prendre telle qu'elle est en été et la faire tiédir en hiver ;

il faut qu'elle soit plus chaude pour le seigle, mais jamais au degré d'ébullition, quelles que soient la saison, la nature des farines, et l'espèce de pain.

8° Le son en substance, quelque divisé qu'on le suppose, fait du poids et non du pain ; il empêche cet aliment de prendre de l'étendue et de se conserver longtemps. — Le pain le plus volumineux, à qualité et quantité égales, est celui qui remplit et nourrit le mieux.

9° Si le son est gras, et que plutôt de le vendre et de le consommer dans les basses-cours on préfère en augmenter le pain, il faut avoir soin de le faire tremper dans l'eau froide pendant la nuit, de passer cette eau chargée de farine, et de l'employer au pétrissage. Le marc, mêlé avec des herbages, peut encore servir à nourrir des bestiaux.

10° Jamais il ne faut se servir de levain vieux ; il doit toujours former le tiers de la pâte en été, et la moitié en hiver.

11° Quand on associe la farine de froment ou de seigle avec les autres grains, pour en faire du pain, il est toujours utile que la première soit employée dans l'état de levain pour donner plus d'énergie au mélange.

12° Plus on se donnera de peine pour pétrir la pâte, plus on obtiendra de pain, et meilleur il sera. On n'a rien de bon sans le travail.

13° Dans les temps chauds, la pâte demande à être divisée et façonnée au sortir du pétrin : il faut, en hiver, la laisser en masse une heure avant de la tourner.

14° Il est avantageux de ne faire que des pains qui ne dépassent pas 6 kilogrammes ; ceux qui ont un plus grand volume sont embarrassants à manier, font perdre de la place au four et cuisent mal.

15° Quand la pâte est suffisamment levée, il faut, sans différer, la mettre au four, et n'ouvrir celui-ci qu'au moment où l'on croit que le pain approche de sa cuisson.

16° Si la farine provient d'un bon blé, parfaitement moulu, et qu'elle soit purgée entièrement de son, elle absorbera deux tiers d'eau, et rendra un tiers en sus de pain. Ainsi 100 kilogrammes de farine prendront 66 kilogrammes d'eau, et produiront 133 kilogrammes de pain. Or, dans ce rapport, chaque kilogramme de blé fournit 1 kilogramme de pain.

17°. Le pain de froment composé de toute farine est le plus substantiel, le plus savoureux et le plus économique : c'est enfin le vrai pain de ménage.

18° Il faut que les sacs, le pétrin, les corbeilles et les couvertures dont on se sert, soient tenus bien propres, sans quoi les grains et les farines ne se conservent pas ; la pâte lève mal, et le pain contracte un goût d'aigreur désagréable.

19° Le froment, le seigle et l'orge sont les seuls grains dont on puisse faire du pain. Employés à parties égales, ils devraient être, dans tous les temps, l'aliment habituel des villes et des campagnes.

20° Pour que le pain de munition soit sain, substantiel et de facile digestion, il faut extraire de la farine une partie du son ; celui qui contient tout ce que le grain peut en fournir ne réunit aucune de ces qualités.

21° Il n'y a absolument que le froment qui soit susceptible de faire de bon biscuit ; celui qui se conserve le mieux à la mer doit être parfaitement épuré de son, et renfermer un dixième de levain.

COUPE-PAIN

Souvent dans les exploitations rurales où l'on nourrit les ouvriers agricoles, la ménagère a beaucoup de mal pour couper le pain de la soupe ; dans les contrées où la tartine de beurre, de fromage, de graisse, etc., est usitée, la 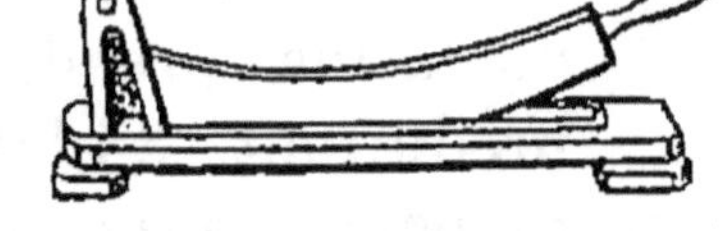

Fig. 219. — Coupe-pain.

besogne n'est pas moins longue et moins fatigante. Un bon coupe-pain (*fig.* 219) est alors un ustensile très utile. Dans les fermes-écoles, les lycées, les maisons d'éducation, les hospices, là et partout où il y a un grand nombre de personnel à nourrir, un semblable instrument est de nature à rendre des services. Aux expositions universelles de Paris, on a remarqué plusieurs coupe-pains dont quelques-uns étaient d'un prix peu élevé. Le plus simple est, comme on sait, un grand couteau bien affilé, articulé par la pointe sur une planche qu'on élève et abaisse sur le pain qu'on pousse successivement sur la planche ; mais ce couteau ne coupe pas net et comprime le pain : M. Van-Maele en a présenté un autre qui mérite quelque attention. Un mouvement de rotation d'une manivelle fait avancer le pain toujours d'une même étendue sous le couteau qui coupe en descendant entre deux guides verticaux pour remonter aussitôt et redescendre ensuite. On peut régler à volonté la tranche de pain coupée. Cet appareil paraît simple et bien conçu, et on pourrait en construire de plusieurs modèles pour tous les besoins.

CHAPITRE X

Installation d'une boulangerie

Après avoir fait connaître en détail les matières premières qui entrent dans la confection du pain, les opérations diverses dont se compose la fabrication de ce produit, et les appareils dont on fait usage dans cette industrie, il serait peut-être à propos d'indiquer quel peut être le meilleur mode d'installation d'une boulangerie pour en faire une usine prospère et fructueuse, mais nous serions obligés pour cela d'entrer dans des développements économiques qui dépasseraient le cadre de notre manuel. D'ailleurs la boulangerie est une industrie soumise aux mêmes lois économiques que toutes les autres et nous n'avons pas à l'envisager ici sous ce rapport. On conçoit que la question de l'installation d'une boulangerie est subordonnée à un si grand nombre de conditions générales, de circonstances locales, de considérations sur les aptitudes individuelles, sur la somme des capitaux dont on peut disposer, etc., qu'il serait impossible de la résoudre ou de l'embrasser dans son ensemble, même dans les cas les plus usuels et les plus généraux.

Cependant, nous croyons devoir donner notre opinion, suivie de quelques conseils, sur cette importante question.

Depuis 1863, époque à laquelle la liberté *relative* de la Boulangerie a été décrétée, le nombre des établissements s'est accru d'une façon considérable, au grand détriment de la corporation tout entière. C'est aussi à partir de cette époque qu'on a vu se monter ces boulangeries, où un luxe parfois exagéré est venu grever de frais généraux importants, inutiles et mêmes ruineux, ceux qui s'y sont livrés.

Nous ne pouvons donc considérer cet état de choses comme une amélioration, d'autant plus que, d'un autre côté, la situation est presque généralement restée la même pour l'installation des fournils qui, de tout temps, a été mal comprise.

En effet, il y a beaucoup de ces fournils mal installés et malpropres, et il est vraiment regrettable qu'à notre époque de progrès, et malgré les beaux et probants travaux de nos médecins et de nos hygiénistes, on puisse constater qu'il n'a été presque rien fait pour remédier à un état de choses si blâmable à tous égards.

A ce point de vue, l'Amérique, l'Angleterre,

l'Allemagne, ont, depuis longtemps, devancé la France. Dans ces pays, il n'y a presque plus de fournils installés dans les caves ou dans les sous-sols. Ils sont maintenant établis au rez-de-chaussée, avec aire en dallage ou faite de ciment, entretenue avec beaucoup de soin ; les murs sont recouverts de carreaux en faïence vernissée, qu'un simple lavage maintient toujours propre.

En France, les fournils en sous-sols sont obscurs, humides, insuffisamment aérés, et par cela même favorisent la production de ferments nuisibles, de microbes, d'insectes malpropres quand ils ne sont pas nuisibles.

La panification elle-même en souffre ; à notre avis, les fournils en sous-sols devraient être dorénavant interdits.

Ce qu'il faut, ce sont des fournils bien aérés, propres, dans lesquels rien ne traîne ; ni vieux levain, ni farine renversée, ni combustible, et où on trouvera une hygiène meilleure.

Nous nous joindrons aussi à M. Lucas, l'excellent et si estimable directeur des marchés de blé et des farines Douze marques de Paris, dans le regret qu'il éprouve de voir la corporation si intéressante de la boulangerie rester insensible à toute tentative d'amélioration au point de vue du pétrissage.

Voici, du reste, ce que dit M. Lucas, dans son remarquable rapport du Jury international de l'Exposition de 1889 :

« Quelle contradiction ! A la fin du xixᵉ siècle, où la science et la mécanique ont fait accomplir à

l'industrie tant de progrès, n'est-il pas regrettable, pénible même, de voir encore le malheu-
reux ouvrier boulanger, courbé dans son pétrin,
tout pantelant et ruisselant de sueur, pétrir, en
employant toute sa force, une quantité de pâte
dont le poids atteint quelquefois jusqu'à 3oo kilogrammes et qui demande, pour être bien *rendue*,
près d'une heure d'un travail surhumain.

« Dans cette confection de la pâte, l'hygiène et
la propreté sont méconnues, et l'esprit se révolte
à la pensée que le pain de chaque jour est ainsi
préparé.

« Des savants illustres nous ont appris que l'introduction des germes de ferments dans l'organi-
sation humaine est la cause initiale des maladies
infectieuses et épidémiques ; ils nous ont appris
que, de tous nos tissus, la muqueuse du tube di-
gestif est l'un de ceux qui présentent la plus
faible résistance aux attaques des ferments, et
qu'enfin les germes de quelques-uns de ces ferments résistent à la température de 100° centigrades.

« Or, la mie de pain, qui, après la cuisson où
elle ne dépasse pas cette température de 100°,
retient encore 45 o/o d'humidité, nous paraît
offrir à ces infiniment petits les conditions nécessaires au développement de leur existence, tout en
leur servant de véhicule pour les introduire dans
l'estomac.

« Le pétrissage mécanique, en faisant disparaître la fatigue meurtrière des ouvriers pétrisseurs, répond à tous les besoins de la fabrication

et remplit toutes les conditions d'hygiène et de salubrité.

« Il laisse bien loin derrière lui cette fabrication manuelle que la routine seule préconise et qui cependant, à notre époque, devrait avoir depuis longtemps déjà disparu ».

En ce qui concerne la cuisson du pain, le progrès est un peu plus marqué ; en effet, nous avons pu voir fonctionner, dans bon nombre de boulangeries, les fours mixtes, qui simplifient beaucoup le travail, sont plus économiques et surtout plus faciles à chauffer et à manœuvrer.

Par leur emploi, on supprime le séchage du bois, cause permanente d'incendie, et on n'a plus la fumée et les gaz délétères qui émanent de la braise.

Tel est l'outillage le plus perfectionné offert à la boulangerie moderne pour sa transformation.

Nous souhaitons vivement de voir la corporation si digne d'intérêt de la boulangerie, entrer résolument dans la voie du progrès, afin d'améliorer le sort de chacun de ses membres et les voir travailler à perfectionner leur art.

FIN

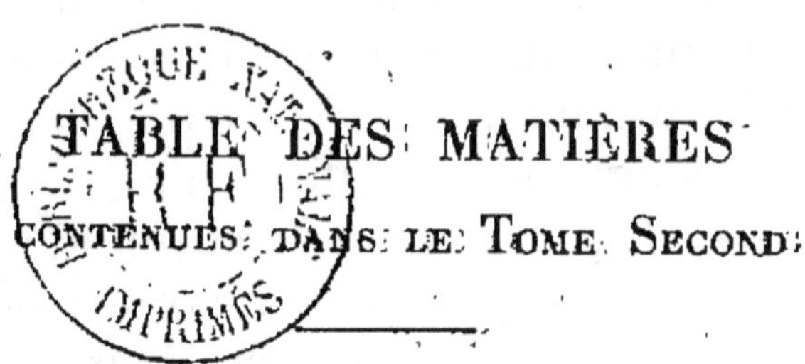

TABLE DES MATIÈRES
CONTENUES DANS LE TOME SECOND

FIN DE LA TABLE DU TOME SECOND

SAINT-AMAND (CHER). — IMPRIMERIE BUSSIÈRE